河北省露天矿山典型生态修复技术与实践

主 编 刘 硕 马百衡 孙耀锋

北京工业大学出版社

图书在版编目（CIP）数据

河北省露天矿山典型生态修复技术与实践 / 刘硕，马百衡，孙耀锋主编． -- 北京：北京工业大学出版社，2024.12. -- ISBN 978-7-5639-8733-7

Ⅰ．X322.222

中国国家版本馆 CIP 数据核字第 20240NC126 号

河北省露天矿山典型生态修复技术与实践
HEBEISHENG LUTIAN KUANGSHAN DIANXING SHENGTAI XIUFU JISHU YU SHIJIAN

主　　编：	刘　硕　马百衡　孙耀锋
责任编辑：	付　存
封面设计：	知更壹点
出版发行：	北京工业大学出版社
	（北京市朝阳区平乐园 100 号　邮编：100124）
	010-67391722（传真）　bgdcbs@sina.com
经销单位：	全国各地新华书店
承印单位：	三河市南阳印刷有限公司
开　　本：	787 毫米 ×1092 毫米　1/16
印　　张：	6
字　　数：	125 千字
版　　次：	2025 年 6 月第 1 版
印　　次：	2025 年 6 月第 1 次印刷
标准书号：	ISBN 978-7-5639-8733-7
定　　价：	40.00 元

版权所有　翻印必究

（如发现印装质量问题，请寄本社发行部调换 010-67391106）

作者简介

刘硕，河北省邢台市人，毕业于西北农林科技大学，环境科学专业，硕士研究生学历。现任职于河北省地质环境监测院，并担任矿山环境监测保护室主任一职，正高级工程师。主要研究方向：地质环境监测与演化。近年来，发表专业论文20余篇，出版专著3部；获得省科技进步三等奖1项，厅局级科技成果奖一等奖1项、二等奖3项。受聘为中国科技核心期刊《有色金属（矿山部分）》中青年编委，入选河北省"三三三人才工程"人选和"高层次科技创新人才培养工程"技术拔尖人才，入选河北省自然资源厅、河北省应急管理厅、河北省地质矿产勘查开发局等厅局相关专业专家库，为河北省地质环境监测院矿山环境监测保护专家团队首席专家。

马百衡，陕西省韩城市人，毕业于长春科技大学，环境工程专业，本科学历。现任职于河北省地质环境监测院，并担任总工程师一职，正高级工程师。主要研究方向：地质环境监测与演化。近年来，发表专业论文10余篇，出版专著2部；获得省部级科技成果二等奖1项、三等奖1项，厅局级科技成果二等奖3项；获省地质矿产勘查开发局"领军人才""劳动模范"等多项荣誉。现为省地质矿产勘查开发局地质环境监测与地质灾害防治团队首席专家，多次被国家、河北省行业主管部门聘为矿山生态修复领域专家。

孙耀锋，河北省邢台市人，毕业于河北大学，计算机网络专业，本科学历。现任职于河北省煤田地质局环境地质调查院，并担任副院长一职，高级工程师。主要研究方向：地球物理勘探、信息化。近年来，发表专业论文6篇，获得中国煤炭工业协会科技成果二等奖2项、三等奖3项，获得河北省煤炭工业协会科技成果二等奖2项、三等奖2项。

编委会

主　编：刘　硕　马百衡　孙耀锋
副主编：白雪山　姚纪明　袁运许　李　鹏　夏　冬
　　　　宋建伟　冀　广　杨　帆　袁雪涛　侯双林
　　　　许永利　李小光　张志飞　赵德刚　马丙太
　　　　赵玉川　贾　涛　高　珏　张　隆　赵紫威

前　言

推进生态环境保护和生态文明建设，减少和修复矿山开采导致大规模的土地和植被被破坏，已经成为我国社会面临的重要课题。党的十九大报告将建设生态文明提升为中华民族永续发展的千年大计，并提出"社会主义生态文明观"和"统筹山水林田湖草系统治理"。党的二十大报告进一步提出"推进美丽中国建设，坚持山水林田湖草沙一体化保护和系统治理"。河北省是一个经济发展对矿产资源依赖较高的大省，而矿产资源开发在为社会发展做出贡献的同时也导致了严重的生态环境污染和土地破坏。河北省委、省政府深入贯彻习近平生态文明思想，践行"绿水青山就是金山银山"理念，就开展露天矿山综合治理、推进生态保护做出了重要部署。在此背景下，笔者针对河北省露天矿山生态植被恢复现状，结合近年来在相关领域的研究、规划设计、施工管理的技术积累与经验，编写了本书。具体而言，以河北省露天矿山生态环境和土地复垦的现状与问题为切入点，在分析研究大量矿山生态修复实例的基础上，对露天采场、排土场、岩质边坡典型修复技术及应用效果进行了介绍。同时，对采矿迹地转型利用模式进行了探讨。另外，通过露天矿山典型修复案例，进一步诠释了露天矿山生态修复技术的具体应用。

本书由刘硕、马百衡、孙耀锋主编，其中前言、第一章由刘硕、袁运许、宋建伟、冀广、杨帆编写；第二章由马百衡、刘硕、孙耀锋、白雪山、姚纪明、李小光编写；第三章由刘硕、马百衡、袁运许、李鹏、夏冬、宋建伟、冀广、李小光编写；第四章由许永利、赵德刚、袁运许、马百衡、李鹏、孙耀锋、李小光编写；第五章由白雪山、姚纪明、刘硕、夏冬、杨帆编写；第六章由袁雪涛、侯双林、张志飞、赵德刚、马丙太、赵玉川、贾涛、高珏、张隆、赵紫威编写。全书由刘硕统编定稿。

笔者在编写本书的过程中参阅许多公开出版的著作，在此，表示衷心的感谢，并希望进行有益的合作与探讨。

鉴于笔者水平有限，书中难免存在不妥之处，欢迎读者朋友批评指正，以便不断修改和完善。

目　　录

1 河北省露天矿山生态修复概述 1
　1.1 河北省矿产资源及开发现状 1
　1.2 矿山生态修复进展情况 3
2 露天采场典型生态修复技术 10
　2.1 露天采场的特征 10
　2.2 露天采场引发的地质环境问题 12
　2.3 露天采场生态修复技术 15
　2.4 应用效果 19
3 排土场典型生态修复技术 22
　3.1 排土场的危害 22
　3.2 排土场生态修复技术 23
　3.3 应用效果 31
4 边坡的危害及岩质边坡典型生态修复技术 33
　4.1 边坡的危害 33
　4.2 岩质边坡典型生态修复技术 34
5 采矿迹地转型利用 53
　5.1 采矿迹地生态农业复垦模式 53
　5.2 采矿迹地景观建设模式 56
　5.3 废弃矿山腾退建设用地模式 62

6 露天矿生态修复典型案例 ··· 67
6.1 庙沟铁矿生态修复案例 ··· 67
6.2 承德柏泉铁矿生态修复案例 ·· 71
6.3 冀东启新石灰石矿生态修复案例 ······································· 76

参考文献 ·· 80

1 河北省露天矿山生态修复概述

1.1 河北省矿产资源及开发现状

1.1.1 河北省矿产资源概况

河北省地层发育较齐全，地质构造复杂多样，岩浆活动频繁，三大岩类出露齐全，成矿地质条件有利，形成了较为丰富的矿产资源。矿产资源赋存特点：矿产种类多，优质矿产少；矿产地数量多，大型矿床少；优势矿产和资源储量分布相对集中，便于开发利用。

河北省自然资源厅公开数据显示，截至 2020 年底，河北省已发现矿产 130 种，其中查明资源储量的矿产 104 种，未查明资源储量的矿产 26 种。列入《2020 年河北省矿产资源储量表》(以下简称《储量表》)的矿产 73 种，未列入《储量表》的矿产 31 种。列入《储量表》的矿产地 1 530 处，按矿产大类划分：能源矿产 167 处、金属矿产 891 处、非金属矿产 472 处；按矿产地规模划分：大型 217 处、中型 360 处、小型 953 处。列入《储量表》的矿产中，资源储量位居全国前 5 位的有冶金用白云岩、铁矿等 37 种；位次在 6~10 位的有钼矿、铝土矿、盐矿等 20 种。主要矿产中，煤炭保有资源储量 $2.285\ 4 \times 10^{10}$ t，居全国第 12 位；铁矿保有资源储量 9.609×10^{9} t，居全国第 3 位；钼矿保有资源储量 8.746×10^{5} t (金属量)，居全国第 10 位；金矿保有资源储量 290.51 t (金属量)，居全国第 18 位；冶金用白云岩保有资源储量 1.267×10^{9} t，居全国第 5 位；水泥用灰岩保有资源储量 5.513×10^{9} t，居全国第 12 位。这对河北省经济发展具有举足轻重的作用。

在第二轮矿产资源规划实施期间，全省矿产资源管理顺应经济社会发展形势，积极落实规划目标任务，基础地质调查、矿产勘查和开发利用、矿山地质环境治理等各项工作得到加强，矿业经济健康发展，保障了全省经济快速增长。首先，基础地质调查深度得到提升。开展了矿产资源潜力评价，摸清了全省 20 种主要矿产资源潜力。其次，新发现的矿产资源储量大幅增加。实施了全省找矿突破战略行动，地质找矿取得了重大突破。新发现各类矿产地 108 处，煤炭、铁矿资源储量大幅度增加，铅、锌、铜、金、银矿产资源储量也有较大增幅，为提升区域资源供给水平和安全保障能力奠定了基础。

1.1.2 河北省矿产资源分布

从分布情况看，河北省矿产资源分布广泛、特色明显。矿产资源主要分布在北部燕山和西部太行山区，其中，煤矿主要分布在冀西北、冀东和太行山南段，铁矿主要分布在冀东、冀南和冀北，贵金属主要分布在冀东、冀西北和太行山北段，有色金属主要分布在冀北、保定涞源、易县，石灰岩和白云岩主要分布在燕山和太行山山前，地热资源主要分布在冀中平原。

目前，河北省已逐步形成了冀东、冀南两大煤、铁、石灰岩等生产开发基地，冀东、张家口两大金矿开发基地和蔚县盆地采煤基地。石油、煤、铁、金、石灰岩已成为河北省矿业的五大支柱。

1.1.3　河北省矿产开发管理现状与面临的形势

依据《河北省矿产资源总体规划（2021—2025年）》，河北省矿产开发管理现状与面临的形势情况分述如下。

1. 上轮规划实施成效

《河北省矿产资源总体规划（2016—2020年）》实施以来，较好地完成了设定的各项规划目标任务，矿产资源勘查开发利用与保护成效显著，有力促进了全省矿业经济的发展和生态环境的改善。

基础地质工作持续加强。基础地质调查研究程度不断提高，山区1∶50 000区域地质调查覆盖率92%，山区1∶50 000地球化学调查覆盖率51%，1∶50 000生态环境地质调查程度大幅提升，完成部分重点市县1∶50 000水文地质调查等工作，为京津冀协同发展、雄安新区规划建设及矿产资源勘查、生态环境保护等提供了基础地质支撑。

矿产勘查工作成果显著。矿产资源勘查规划目标超额完成，新发现怀安县朱家洼钼多金属矿、张北县义哈德石墨矿、兴隆县花市铷稀有金属矿、沧县岩盐矿等重要矿产地19处，铁矿、金矿、钼矿、铅锌矿、银矿、萤石、岩盐等矿产增储明显。清洁能源矿产勘查取得重大成效，系统开展平原区地热勘查，基本查明地热赋存状态和热储特征，新发现37处浅埋区基岩热储，完成58个地热集中开采区和雄安新区预可行性勘查评价，唐山马头营4 000 m深处发现150℃干热岩。

矿产开发强度调控有力。矿产开发总量控制目标基本实现，通过矿山关闭和产能置换，压减煤炭产能5.59×10^7 t，铁矿、金矿、银矿、铅锌矿、钼矿、水泥用灰岩、建筑石料用灰岩、建筑用白云岩等矿产产量显著下降，达到了预期目标。

矿业结构调整成效明显。矿山减量化管理及结构优化目标圆满完成，全省砖瓦用黏土、石膏矿山全部关闭，部分煤炭及建材非金属矿山依法有序关闭退出。固体矿山数量由2015年的3 154个减少到1 989个，减少37%。大中型固体矿山占比达到24.43%，提升了13.6个百分点。全省煤、铁、金等主要矿产矿山"三率"水平达标率90%。

绿色矿山建设持续推进。绿色矿山建设对矿业绿色发展起到重要作用，示范区建设初见成效。全省75家矿山纳入全国绿色矿山名录，87家矿山纳入全省绿色矿山储备库。承德绿色矿业发展示范区稳步推进，区内32家矿山纳入全国绿色矿山名录。

矿山地质环境显著改善。矿山地质环境治理恢复任务超额完成。先后实施露天矿山污染深度整治、露天矿山污染持续整治三年作战计划和矿山综合治理攻坚行动等系列专项行动，不断加大矿山地质环境保护与治理恢复力度，积极探索修复治理模式，共修复治理责任主体灭失矿山迹地3 705处，面积16 593 hm² （1 hm²=1×10⁴ m²），新建、在建矿山地质环境实现全面治理,生产矿山实现边开采边治理,闭坑矿山和政策性关闭矿山破坏的环境得以有效治理恢复。

在上轮规划实施取得成效的同时,仍存在着地质勘查市场活力不足、大宗矿产资源保障程度偏低等问题,尤其是铁矿和建筑石料类矿产供需矛盾突出。

2. 形势及要求

"十四五"时期,是加快建设现代化经济强省、美丽河北的关键阶段,是生态环境深度治理期、矿业转型升级攻坚期、高质量发展提升期。矿业发展需要融入国内大循环、国内国际双循环,落实国家能源资源安全战略,开创河北矿产资源勘查、开发利用与保护新局面,重塑矿业开发保护新格局。

生态文明建设,要求矿业必须高质量发展。随着生态文明建设、京津冀协同发展深入推进,京津冀生态环境支撑区和首都水源涵养功能区建设不断加快,资源环境形势依然严峻,需要正确处理好局部与整体、资源开发与环境保护的关系,加强矿产资源开发管理,优化矿山开发布局结构,加大矿山环境综合治理力度,将绿色发展理念贯穿于矿产资源勘查开发全过程,加快形成符合生态文明建设要求的矿业开发新模式。

现代化经济强省建设,要求矿产资源必须稳定供给。省内铁矿国外依存度较高,不利于全省钢铁业及下游产业稳定发展。建筑用砂石类矿产供求紧张,影响京津冀地区经济建设和社会发展。为保障省内和京津、雄安新区经济建设需要,必须加大找矿力度,增加重要矿产资源储备,适度开发煤、铁、建材类非金属等大宗矿产,充分利用国外、省外矿产资源,保障矿产资源持续稳定供应,满足经济发展基本需求。

矿产资源管理改革,要求矿业必须坚持创新驱动转型升级。随着全省供给侧结构性改革进入深化期,经济增长从资源要素依赖逐渐向创新驱动发展转变,矿业必须突破传统发展路径,坚定走转型升级、节约集约、高质量发展之路。创新矿产资源管理,充分发挥市场在资源配置中的决定性作用,加快采选和矿山生态修复的技术创新,推动矿山企业整合重组,不断提升资源规模效益和综合利用水平,实现全省矿业绿色低碳、健康可持续发展。

1.2 矿山生态修复进展情况

1.2.1 国外露天矿山生态修复研究进展情况

在 20 世纪 30 年代,西方国家就开始重视矿山生态修复研究。经过几十年的发展,矿山生态修复已成为矿山开发中必须开展的内容,国家制定了严格的开发管理规定,规定在矿山开发设计和环境影响评价中,必须有生态修复内容,项目实施的同时,必须设立专门的生态修复研究机构,以保证边开采矿山、边修复被破坏了的自然生态,使矿山的生态环境保持良好状况。美国、德国、澳大利亚、加拿大等国家的矿山土地复地率达到了 80%,各国对矿山进行生态修复多是结合土地复垦来实施的,并且各有特色。

1. 美国的矿山生态修复

美国的生态修复工作居世界前列。1939 年,美国西弗吉尼亚州颁布了第一部管理采矿的法律——《复垦法》。州矿业主管部门被指定为实施这部法律的唯一管理机构。到1975年，美国已有34个州制定了相关土地复垦法规，其余几个州也根据本州特点制定了土地复垦管理条例。这些土地复垦法律或管理条例的颁布和实施，对所在州的土地复垦起了很大的促进作用，同时也为美国联邦政府制定相关法律提供了实践基础。

1977年8月3日，美国国会通过并颁布了第一部全国性的土地复垦法规——《露天采矿管理与复垦法》，实现了在全美建立统一的露天矿管理和复垦标准的目标，使美国露天采矿管理和土地复垦步入法制化轨道。经过多年的实践，不仅新近采矿破坏的土地能够及时进行复垦，昔日煤炭生产遗留下的工矿废弃地也能得到修复，被污染的水资源得到了改善。如今土地复垦已成为采矿过程的一部分。

在美国，一般将矿区修复治理工作分为《露天采矿管理与复垦法》颁布前后两个阶段，使修复治理工作责任明确。对于颁布后出现的矿区土地破坏，一律实行"谁破坏，谁复垦"，即要求复垦率为100%。对于颁布前已被破坏的废弃矿区，则由国家通过筹集复垦基金的方式组织修复治理。对已废弃矿区的复垦采取在国库中设立废弃矿复垦基金的办法。美国《露天采矿管理与复垦法》要求因工业建设破坏的土地必须修复到原来的形态，即原来是农田的修复到农田的状态、原来是森林的修复到森林的状态。由于国家法律的强制作用及其科研工作的进展，美国的矿区环境保护和治理成绩显著，在矿区种植作物、矸石山植树、造林和利用电厂粉煤灰改良土壤等方面做了很多工作，积累了大量经验。

美国土地复垦后并不强调农用，而是强调恢复成破坏前的地形地貌，把防止生态破坏、环境保护提到极高的地位或看作唯一的复垦目的。要求控制水流的侵蚀和有害物质沉积；保持地表原状和地下水位；注重酸性和有害物质的预防和处理；保持表土仍在原位置；防止矸石和其他固体废弃物堆放后滑坡；消除采矿形成的高桥，使其恢复到近似等高的状态；恢复植被，使其成为水生动物、陆地野生动物栖息场所。

2. 德国的矿山生态修复

德国十分重视环境保护工作，保护和治理国土的意识较强，时刻把创造好的生产生活环境作为重要的任务。各部门、企业也把保护环境作为自身建设发展的重要原则。在采矿过程中，十分注意最大限度地减少对环境的破坏，采矿后开展复垦工作也不是简单地种树或平整土地，而是从整体考虑生态的变化和居民对环境的需求。为了加强对公民的环境教育和普及环境保护的科学知识，联邦政府自然资源部和环境保护的社团组织每年宣传一个树种、一种动物，并印成图文材料在旅游地区发放，同时编写到中小学的教材中，加强对青少年的环境教育。在各州的一些地方还设立了环保教育基地，设置岩石标本，栽植一些当年宣传的树木、草本植物等，以供附近居民和游客学习、欣赏。在这里，发展林业、保护环境已成为公民的自觉行动。经过长期努力，德国的复垦工作取得了显著的成绩。

3. 澳大利亚的矿山生态修复

澳大利亚是以矿业为主的国家，它将先进技术运用于矿山复垦，所需资金由政府提供，现在复垦已经成为开采工艺的一部分。澳大利亚的矿山生态修复特点如下。

（1）采用综合模式，实现了土地、环境和生态的综合修复，消除了单项治理带来的弊端。

（2）多专业联合投入，包括地质、矿冶、测量、物理、化学、环境、生态、农艺、经济学，甚至医学、社会学等多学科多专业。

（3）高科技指导和支持。运用卫星遥感提供复垦设计的基础参数并选择各场地位置，运用计算机完成复垦场地地形地貌的最佳化选择，以及最少工程量的优化选择和最适宜的经济投入产出选择。同时，借助各种先进设备，进行生态修复过程中的观测。

4. 其他国家的矿山生态修复

英国的立法和执法较为严格，采矿后必须复垦，资金来源明确。露天矿采用内排法，边采边回填再复垦，覆土厚 130 cm（上表层为 30 cm 耕作层），复垦时注意地形、地貌，使之形成一个完美的整体。

法国由于工业发达，人口稠密，所以对于土地复垦工作要求保持农林面积，恢复生态平衡，防止污染。法国十分重视露天排土场覆土植草、活化土壤，经过过渡性复垦后，再复垦为新农田。为使复垦区风景与周围协调，法国政府还进行了绿化美化。林业复垦分为 3 个阶段完成：一为实验阶段，研究种植多种树木的效果，进行系统绿化，总结开拓生土、增加土壤肥力的经验；二为综合种植阶段，筛选出生长好的白杨和赤杨，进行大面积种植试验（包括增加土壤肥力、追肥和及时管理等内容）；三为树种多样化和分阶段种植阶段，合理安排林业、农业，种植一些生命力强的树种。

此外，苏联也在 1954 年开始立法，并于 1968 年将其具体化，促进了土地复垦的科学论证。其土地复垦过程分为工程技术复垦和生物复垦，包括一系列恢复被破坏土地的肥力、造林绿化等综合措施。

上述国家的矿山复垦工作开展得较早且比较成功，注重修复土地生产性能，生物复垦技术先进。美国和澳大利亚更注重环境效益的改善、矿区生态平衡的恢复，并积极研究应用微生物复垦技术。

1.2.2 我国矿山生态修复相关工作概况

我国现行的关于矿山生态修复的法律规定大多分散在各个层次的法律文件和其他规范性文件中，包括《中华人民共和国环境保护法》《中华人民共和国水法》《中华人民共和国矿产资源法》《中华人民共和国土地管理法》《中华人民共和国水土保持法》《地质灾害防治条例》等。1989 年 1 月 1 日起施行的《土地复垦规定》（现已废止，被《土地复垦条例》替代），标志着我国矿山生态修复的开端。近年来，党中央和国务院对生态文明建设高度重视，就开展生态保护修复工作提出了明确的要求。

造林绿化是生态建设的核心内容，是维护生态安全的基本保障。2011 年 6 月，全国绿化委员会、国家林业局（现国家林业和草原局）按照党中央、国务院的要求，编制了《全国造林绿化规划纲要（2011—2020 年）》。在总结经验、分析形势的基础上，提出了 2011—2020 年造林绿化的目标与任务、建设重点和保障措施，规划纲要是指导我国造林绿化事业健康发展的纲领性文件。

党的十八大以来，以习近平同志为核心的党中央高瞻远瞩，从中国特色社会主义事业"五位一体"总布局的战略高度，对生态文明建设做出了顶层设计和总体部署，并制定了一系列相关的法规政策、技术要求等。

2013年7月，环境保护部（现生态环境部）制定发布了《矿山生态环境保护与恢复治理技术规范（试行）》（HJ 651—2013）和《矿山生态环境保护与恢复治理方案（规划）编制规范（试行）》（HJ 652—2013）两项标准。这两项标准分别规定了矿产资源勘查与采选过程中，排土场、露天采场、尾矿库、矿区专用道路、矿山工业场地、沉陷区、矸石场、矿山污染场地等矿区生态环境保护与恢复治理的指导性技术要求，以及矿山生态环境保护与恢复治理方案（规划）编制的原则、程序、内容和技术要求。

2013年11月，党的十八届三中全会通过的《中共中央关于全面深化改革若干重大问题的决定》指出，建设生态文明，必须建立系统完整的生态文明制度体系，实行最严格的源头保护制度、损害赔偿制度、责任追究制度，完善环境治理和生态修复制度，用制度保护生态环境。

2015年5月，《中共中央 国务院关于加快推进生态文明建设的意见》，明确了生态文明建设的总体要求、目标愿景、重点任务和制度体系，突出体现了战略性、综合性、系统性和可操作性，这是继党的十八大和十八届三中、四中全会对生态文明建设做出顶层设计后，中央对生态文明建设的一次全面部署，是推动我国生态文明建设的纲领性文件。

2016年5月，为切实加强土壤污染防治、逐步改善土壤环境质量，国务院印发了《土壤污染防治行动计划》。《土壤污染防治行动计划》是党中央、国务院推进生态文明建设，坚决向污染宣战的一项重大举措。至此，再加上已经出台的《大气污染防治行动计划》和《水污染防治行动计划》，针对我国面临的大气、水、土壤环境污染问题的3个污染防治行动计划已经全部发布实施。

开展山水林田湖生态保护修复是生态文明建设的重要内容，是贯彻绿色发展理念的有力举措，是破解生态环境难题的必然要求。党的十八届五中全会提出，实施山水林田湖生态保护和修复工程，筑牢生态安全屏障。2016年9月，财政部、国土资源部（现自然资源部）、环境保护部联合发布《关于推进山水林田湖生态保护修复工作的通知》，并自2016年起，在全国范围内推进山水林田湖草生态保护修复工程试点，重点对影响国家生态安全格局的核心区域，关系中华民族永续发展的重点区域和生态系统受损严重、开展治理修复最迫切的关键区域，实施山水林田湖草生态保护修复工程试点，中央财政将对其中典型重要的工程给予奖补。

多年来，我国针对湿地保护与管理的相关政策依据依附在各种基本法律和行政法规中。随着城镇化进程的加快，我国生态环境问题逐步显现，加强湿地立法的呼声也日益高涨。2013年3月28日，国家林业局（现国家林业和草原局）公布了《湿地保护管理规定》。随后，各省相继出台了湿地保护条例。

我国早期的矿山生态修复工作，立法分散、独立，大气、水、林草、土壤与土地、矿山管理分属不同部门，导致全国性生态环境保护与监管政策的制定政出多门，可操作性差、执行自由度较大；复杂的机构设置和不同层级主管部门的职责划分不清、生态政策与法规实施不力；生态修复资金和技术支持不足成为我国实施矿山生态修复的三大困难。然而，随着矿山生态修复法规政策的不断完善、修复技术标准的初步建立，我国矿山生态修复工作正逐步进入法治化、标准化、常态化的轨道。

2018年3月13日，根据第十三届全国人民代表大会第一次会议批准的国务院机构改革方案，为加强我国生态环境保护职能，将组建自然资源部、生态环境部、国家林业和草原局，不再保留国土资源部、国家海洋局、国家测绘地理信息局、环境保护部、国家林业局等部门。国务院机构改革方案将"统筹山水林田湖草系统治理"和"统一行使所有国土空间用途管制和生态保护修复职责"写进了自然资源部的组建要求，生态修复和系统治理无疑是自然资源部门的基本职能。因此，要遵循系统治理原则，把治地、治矿、治水、治海、治山、治草、治林相结合，加快建立健全源头保护和末端修复治理机制，统筹推动山水林田湖草综合整治修复，为生态整体保护、系统修复和综合治理提供重要体制保障，开创自然资源开发利用和保护工作新局面。

为了加强工矿用地土壤和地下水环境保护监督管理，防治工矿用地土壤和地下水污染，2018年5月3日，生态环境部颁布了《工矿用地土壤环境管理办法（试行）》，对工矿用地涉及土壤和地下水污染的现状调查、环境准入、设施防渗漏、隐患排查、企业自行监测、风险管控和修复等都做了系统的规定。该办法主要针对正在生产运行中的工矿企业开展土壤环境管理，减少工矿企业在生产运行过程中对土壤造成的污染，它的颁布使工矿用地这个广大领域的土壤环境管理有章可循。2018年6月22日，生态环境部与国家市场监督管理总局联合发布了《土壤环境质量 农用地土壤污染风险管控标准（试行）》（GB 15618—2018）、《土壤环境质量 建设用地土壤污染风险管控标准（试行）》（GB 36600—2018），并于2018年8月1日起实施。此次试行标准中，土壤环境质量分为风险筛选值和风险管控值，与《土壤污染防治行动计划》中的管控要求相对应。

党的十九大对生态文明建设进行了多方面的深刻论述：将建设生态文明提升为中华民族永续发展的"千年大计"；提出了"社会主义生态文明观"，从价值、理念层面对生态文明建设提供了支撑；提出了实施重要生态系统保护和修复重大工程，优化生态安全屏障体系，构建生态廊道和生物多样性保护网络，提升生态系统质量和稳定性；提出了构建多种体系，统筹"山水林田湖草"系统治理；提出了加强对生态文明建设的总体设计和组织领导，设立"自然资源资产管理和自然生态监管机构"。党的二十大进一步提出"推进美丽中国建设，坚持山水林田湖草沙一体化保护和系统治理"，再一次吹响了加快生态文明体制改革的号角，进一步昭示了以习近平同志为核心的党中央加强生态文明建设的意志和决心。

1.2.3 河北省矿山生态修复现状

"十三五"期间，在中共河北省委、河北省人民政府的领导下，全省由自然资源厅牵头，组织开展了一系列的矿山生态修复相关工作。通过组织矿山地质环境调查数据汇总和动态监测，夯实了矿山生态工作的基础，掌握了矿山地质环境现状和动态变化情况；通过牵头实施"河北省露天矿山污染深度整治专项行动""河北省露天矿山污染持续整治三年作战计划"和"河北省矿山综合治理攻坚行动方案"等一系列综合治理工程，严格落实自然资源部重点地区露天矿山生态修复工作部署，大力推进全省矿山生态修复工作；通过《中共河北省委河北省人民政府关于改革和完善矿产资源管理制度加强矿山环境综合治理的意见》《河北省关于探索利用市场化方式推进矿山生态修复的实施办法》等政策文件的制定，逐步完善河北省矿山生态修复政策法规体系。

2016年，河北省环境保护工作领导小组办公室出台了《河北省露天矿山污染深度整治专项行动方案》，明确提出利用 3 年时间，对全省铁路、高速公路沿线两侧 2 km 以内，石家庄、承德、张家口、秦皇岛、唐山、廊坊、保定、邢台、邯郸 9 个城市建成区周边 3 km 以内，县城建成区周边 2 km 以内的 197 处（面积 1.76×10^4 亩，1 亩 = 666.67 m²）和位于自然保护区、风景名胜区、国家和省级公路及河湖、水库周边 2 km 范围内和严重影响生态景观的 427 处（面积 4.17×10^4 亩）责任主体灭失的露天矿山迹地进行修复绿化，实现减少扬尘污染 5.5×10^4 t/a 以上，抑制扬尘 2×10^4 t/a 以上的治理目标。

为保障矿山生态修复工作的顺利实施，中共河北省委、河北省人民政府还组织制定了相关政策措施。2018 年，为落实习近平总书记对河北的重要指示，加快推进生态文明建设，深度治理大气污染，进一步改革和完善矿产资源管理制度，加强矿山环境保护与综合治理，促进矿产资源开发与生态环境相协调，出台了《中共河北省委河北省人民政府关于改革和完善矿产资源管理制度加强矿山环境综合治理的意见》，明确了后期矿山环境综合治理的指导思想、基本原则、主要目标和政策措施，要求到 2020 年，完成现有责任主体灭失矿山迹地治理任务 50% 以上，到 2025 年，全面完成责任主体灭失矿山迹地恢复治理任务，这是一段时期内全省矿山生态修复工作的重要政策依据。同时，根据河北省人民政府关于印发《河北省打赢蓝天保卫战三年行动方案》的通知，制定了《河北省露天矿山污染持续整治三年作战计划》。在 2016 年、2017 年露天矿山污染深度整治的基础上，依照宜林则林、宜耕则耕、宜草则草、宜建则建、宜景则景的原则对 2 002 处责任主体灭失矿山迹地通过修复绿化、转型利用、自然恢复进行综合治理，共计完成治理面积 1.451×10^5 亩。

2020 年，为贯彻落实党的十九大关于"构建政府为主导、企业为主体、社会组织和公众共同参与的环境治理体系"精神，落实《自然资源部关于探索利用市场化方式推进矿山生态修复的意见》相关要求，制定了《河北省关于探索利用市场化方式推进矿山生态修复的实施办法》，结合河北省实际，从生态修复基本原则及基础工作、鼓励矿山土地综合修复利用、实行差别化土地供应、盘活矿山存量建设用地、合理利用废弃矿山土石料和组织监管等方面提出了相关要求，对河北省各市县的矿山生态修复市场化推进工作起到了指导作用。同年，河北省自然资源厅为落实省委、省政府关于矿产开发管控和生态环境保护的决策部署，全面改善矿山生态环境，制定了《河北省矿山综合治理攻坚行动方案》，方案要求各市县政府对辖区内责任主体灭失矿山迹地综合治理工作全权负责，依照"一处一策"的原则，推进责任主体灭失矿山迹地综合治理。通过方案的实施，截至 2021 年末，河北省全部完成 2015 年调查确定的 4 330 处责任主体灭失矿山迹地修复治理任务，面积达 3×10^5 亩。

在进行矿山生态修复的同时，河北省还积极研究新技术和新方法，探索了矿山复绿、农业用地、空间再用、休闲公园、矿山公园等多种矿山环境治理模式，总结了台阶式修复、平台式治理、微地形改造等多种治理方式，以及岩壁覆绿的方式方法，初步形成了矿山环境恢复治理的技术方法体系。

作为矿业大省的河北，矿山最多时曾有 2×10^4 座。"十三五"期间，河北省把矿山综合治理作为加强生态文明建设的重要组成部分，作为打赢蓝天保卫战、推进京津冀生态环境支撑区建设的重要抓手，先后开展的露天矿山污染深度整治、露天矿山污染持续整治三年作战计划、矿山综合治理攻坚行动等专项行动，有效改善了矿山生态环境。

展望未来，"十四五"期间，以习近平新时代中国特色社会主义思想为指导，深入贯彻党的二十大和二十届二中、三中全会精神，践行习近平生态文明思想，落实中共河北省委、河北省人民政府重大决策部署，统筹推进"五位一体"总体布局，协调推进"四个全面"战略布局，立足新发展阶段，完整、准确、全面贯彻新发展理念，构建新发展格局。坚持稳中求进工作总基调，以稳定矿产资源供给为目标，以推进资源合理利用与保护为主线，以改革创新为动力，优化开发布局，加快结构调整，强化开发管控，提高资源利用效率，推动矿业绿色发展、高质量发展，为持续抓好京津冀协同发展、雄安新区建设，加快建设现代化经济强省、美丽河北提供能源资源保障。

2 露天采场典型生态修复技术

露天开采是成本较低、生产效率较高的开采方式，露天开采在采出大量矿产资源的同时，也形成了上大下小、形状各异的倒锥状或倒盆状露天采场。随着国家对矿产资源需求量的快速增加，矿业开采的热潮及露天开采的强度也在逐年加大，随之而来的是越来越多的露天矿山面临闭坑，而有些受政策影响转为地下开采，这将在矿山开采区域遗留数量较多、大小不等的露天采场。矿山露天采场受采矿活动的影响，表土被剥离，地表形态被改变，丧失了原有的特性，并且还具有很多危害环境的极端理化性质。其主要特点包括表土被破坏，土壤水分缺乏、有毒物质含量增大；土壤贫瘠，氮、磷、钾和有机质含量极低，养分不平衡；限制植物生长的物质较多，如重金属等；基质水分含量低，干旱现象普遍存在；有大量的裸露边坡和地表，易发生滑坡、崩塌、泥石流等地质灾害。

2.1 露天采场的特征

2.1.1 景观形态特征

据统计，矿业活动对土地的扰动量仅次于耕地。矿山开采活动扰动的土地数量多，大多数情况下呈片群聚集分布，各矿山的尺度差异较大，并且形状各异，边界无序蔓延。大多数露天矿山处于丘陵地带、平原地带、潜山孤山区域、干枯的河道上、大山深处。大中型露天采场具有复杂的空间形态和极为丰富的景观要素，形成了具有特殊景观地貌特征的空间。露天采场的主要景观形态如下。

1. 岩壁肌理丰富

露天矿山多采用钻孔爆破的开挖方式开采矿石，矿山闭坑后形成的裸露岩质边坡，从远处看是层次错叠的峭壁，如山水画一般具有丰富的皱纹肌理，形成了重要的景观。由于矿山所处的区域、气候条件、矿石种类的不同，矿山地层分布千差万别，这就决定了矿山皱纹肌理的复杂性，经过长时间的洗礼和不同程度的风化，露天开采所遗留的历史痕迹具有较大的差异性。

2. 坑体空间多样

矿体的储量大小、埋深情况、分布形态、工程地质和水文地质条件决定了露天矿的边界形状、内部空间地貌以及有无积水情况。矿山闭坑后，矿坑内的边坡具有台阶和平台，坑底的低洼处具有废石形成的土丘等多种微地形，地下水升高，积水成潭，形成湖光山色的自然景观风貌，崖壁、树木、天空在水面上交相辉映。

3. 植物景观特征

矿山闭坑后，边坡岩体的缝隙中会有零星的耐旱、耐贫瘠的植物定居，峡谷沟壑等也为植物提供了丰富多样的栖居空间。露天采场经过长时间的自然恢复，会有较多的草本植物、小灌木等先锋植物重新定居，甚至特殊的岩石地貌形成了一些野生动物的栖息地，野性的园林将带给游客更丰富的体验。

2.1.2 生态环境特征

露天矿山的开采大多采用爆破法和机械开挖法，这种开采方式极大地改变了原有的地质地貌特征，矿区内的植被和生态系统遭受了毁灭式的破坏。矿山开采后形成的迹地主要包括裸露的岩质边坡、采矿深坑、排土场、碎石堆及各种工业场地等。矿坑废弃地的生态特征可简单地概括为以下几点。

1. 边坡不稳定

对于大型露天矿山而言，因为不同区域边坡岩体的质量并不一致，所以边坡的最终边坡角存在较大的差异，岩质边坡的坡度一般为 40°～90°，随着时间的推移，边坡岩体的质量呈降低趋势，若边坡角度过大会使得边坡的稳定性变差，可能造成滑坡灾害。对于部分矿山，不规范的私人开采或没有按照相应的规范留设足够的安全平台，会导致开采后的边坡达不到相应的安全标准，易形成岩石滑落、崩塌甚至泥石流等地质灾害。

2. 水土流失严重

矿山开采形成的岩质边坡，边坡表层和浅表层的岩体在冻融、昼夜温差和降雨等作用下易风化，风化后的岩石形成的碎石岩面，由于缺乏表土的覆盖，岩体的温差变化大且保水能力差，易形成极端温度，侵蚀和表面径流增强，水土流失严重，植物难以生长。

3. 水源涵养能力降低

粗放无序的开采破坏了矿区及其周边的植被，导致植被涵养水源的能力严重下降；矿山开采形成的裸露岩质边坡和露天采场彻底丧失了水土保持能力；深凹露天矿的开采破坏了地下水的渗流场，导致矿区附近形成地下水的降落漏斗，使山体内部的水源径流被破坏，从而使水源涵养能力下降。

2.1.3 人文历史特征

矿区文化是矿山从开发到闭坑全生命周期积淀下来的特有文化，是废弃矿区景观设计中最具有魅力和地域特色的元素，矿区文化见证了矿区自始至终的文明历史和时空变迁过程，同时也早已潜移默化地成了当地居民记忆中的一部分。采矿场的人文历史特征主要包括历史遗迹与地域文化两个方面。

1. 历史遗迹

矿山开采虽然严重破坏了矿区的地形地貌和生态环境，但也形成了独具特色的矿区文化元素。对矿区独特的文化元素进行艺术再创作，是景观再生设计的重要途径，可应用区域共生的设计方法，围绕矿冶文化，以工业遗迹和历史故事为主线，展现矿区文化深厚的历史底蕴和工业技术。矿区的肌理、采矿遗迹、采矿场景和历史故事，在长期的社会历史演替中，形成了契合地域特色的人文景观语汇，为矿区景观再生提供了设计依据。

2. 地域文化

中国著名景观设计师朱育帆提出了"并置"、"转置"和"介置"构成的"三置论"设计理念体系学说，阐述了当代景观设计中的文化传承与时代矛盾如何交融共生的问题，他强调历史文化代表着一种永恒的时代精神，是富有生命力的景观延续。因此，尊重矿区地域文化，将其融入矿坑景观设计，新旧景观的冲突、过去与现在的碰撞，将成为景观重构中最富生命力的景观语言。

2.2 露天采场引发的地质环境问题

露天开采具有地下开采无法比拟的优势，但是，露天开采形成的采坑也带来了危害，主要体现在边坡地质灾害、破坏生态环境等方面。

2.2.1 边坡地质灾害

露天开采后形成了深浅不一、规模不等的深凹露天采场，其中的采坑如果长时间得不到有效治理，边坡岩体在冻融、含水岩石的蠕变、地震与爆破震动、强降雨等作用下易发生局部滑坡、崩塌、泥石流等地质灾害，如果放任这种情况的发展，还会发生规模更大的滑坡地质灾害，严重威胁矿区及其周边人民群众的生命财产安全。另外，边坡局部存在潜在的滑坡体、浮石、松动的岩石、危岩体（带）等时，在外界震动作用下，易发生滑坡、浮石坠落、崩塌等危害，诱发局部边坡失稳等。边坡失稳过程中，本身的岩移活动还可能诱发露天坑周边地区的地表出现裂缝、塌陷等灾害，这更进一步影响了边坡周围植被的生长。

1. 崩塌

崩塌一般发生在厚层坚硬脆性岩体中，这类岩体能形成高陡的斜坡，斜坡前缘由于应力重分布作用和卸荷等产生长而深的张拉裂缝，并与其他结构面结合，逐渐形成连续贯通的分离面，在触发作用下发生崩塌。此外，近于水平状产出的软硬相间岩层组成的陡坡，由于软弱岩层被风化剥蚀形成凹龛或蠕变，也会形成局部崩塌。

崩塌的形成又与地形直接相关，崩塌一般发生在高陡边坡的前缘，发生崩塌的地面坡度往往大于45°，地形切割越剧烈，高差越大，形成崩塌的可能性越大，破坏也越严重。此外，风化作用对崩塌也有一定影响，风化作用能使斜坡前缘各种成因的裂隙加深加宽，加速崩塌。

山体前缘陡峭，岩体风化作用强烈，夹杂大量土体，在降雨的作用下，极易形成张拉裂缝，发生山体崩塌（见图2.1）。

图 2.1 山体崩塌

2. 滑坡

滑坡是某一滑移面上剪应力超过了该剪切面的抗剪强度所致的。山体滑坡如图 2.2 所示。一般矿山的滑坡类型主要有 3 种：第一种是无层滑坡，矿山开采剥离的废渣，本身具有均质、松散的特征，随着堆积高度不断增加，在自身荷载作用和降雨等外力作用的影响下，坡体极易发生滑动；第二种是顺层滑坡，滑动沿着岩层面发生，矿区岩层倾向与斜坡倾向一致，在倾角小于坡面角，特别是存在原生或次生软弱夹层的情况下，常常成为滑动带；第三种是切层滑坡，滑动面切过岩层面，多发生在矿区岩层近水平的平迭坡条件下，滑动面一般呈圆弧状或对数螺旋曲线。当然，影响滑坡的因素复杂多样，采矿引起的滑坡一般被认为是由人为因素和自然因素共同导致的。首先是滑坡岩土体的强度，组成滑坡体的岩、土的力学强度越高，滑坡往往就越少；其次是滑坡的形状，如雨水的冲刷、人工挖掘搬运等活动会改变山体形状与坡度，从而诱发滑坡；最后是影响滑坡内应力状态，如地震、堆载、人工爆破和水的作用等会使坡体内应力发生变化，影响坡体的稳定性。

图 2.2 山体滑坡

3. 泥石流

泥石流的发生需要大量物源，需要强烈的地表径流提供动力，需要纵坡降较大的狭窄沟谷地形条件。灰岩矿山开采废物大量堆积，含有大量的泥沙、石块等松散物质，为泥石流的发生提供了物源基础，强烈的降雨为泥石流的发生提供了动力条件，再加上不合理的选址等条件的叠加，为矿区泥石流（见图2.3）的发生提供了可能性。因此，矿区的泥石流灾害也是不可忽视的潜在地质灾害。

图 2.3　泥石流

潜在地质灾害的存在，极大地影响着当地居民的生命安全和生活质量，对当地经济的发展也产生了极大的负面影响。

责任主体灭失的露天采场，后期缺乏有效的恢复治理措施，导致在常年的风化作用下地质灾害发生的可能性大大增加。矿区灾害隐患随着年限的增加而增多，导致土地资源再次被规划利用受到极大的限制，这也直接导致了矿区生态环境恶化，植被、动物减少，原有生态平衡被破坏，水土流失、大气污染、土地荒漠化进一步加剧，极大地制约着当地经济和社会的发展。

2.2.2　破坏生态环境

露天开采严重破坏了矿区的原有地貌，使原有地貌成为规模不一的露天采场、排土场、工业场地等采坑迹地，导致矿区内开采区域的全部景观和植被遭到严重破坏。同时，因矿坑立地条件极为恶劣，植被很难自然恢复。随着时间的推移，未经处理的边坡，在风化作用下，就会出现风化剥蚀、水土流失等现象。当边坡岩体中含有重金属等有害物质时，重金属离子在淋溶的作用下，可能会随水入渗到地下水中，进入地下水循环，对区域地下水造成污染。

在露天矿建设过程中，可能会对穿过露天采区或位于采区附近的地表水进行改道，从而改变原始的水资源环境。如果露天矿开采过程中实行强制性疏干排水会使地下水漏失，导致地下水位下降、泉流量减少甚至干枯，破坏采坑及周边区域地下水资源。当受到污染的水渗过地表进入地下水时，地下水水质就会受到影响。露天矿废弃之后，这些问题并没有好转，反而由于疏干排水系统的停止运转，雨水和地下水积存在露天矿坑底部，长期的淋溶作用会增加其中所含的有毒、有害物质的浓度，从而加剧水污染。

废弃露天采场占用了大量的土地资源，造成了生态环境问题，导致当地的生态结构与功能严重退化，植被与生物多样性遭到破坏。大规模的山体开挖导致岩石大面积裸露，原有植被和植被生长所需的土壤被破坏，周边林地动物栖息地也受到影响，矿山生态环境质量下降，生物多样性减少，生态系统稳定性降低。

2.2.3 破坏矿区景观

露天开采使得矿区整体地貌与开采前截然不同。随着开采的进行，许多树木被砍伐，开采区岩石裸露，遍布残垣断壁，植被消失殆尽。周围废弃物的堆载也占用了大量的土地资源，使得矿区的农作物、林地遭到了大面积破坏，周围生态环境恶化，生物群落逆向演替，植物种类单一化，动物种类和数量也大幅度减少，整个景观系统单调、生硬、不自然，与周围自然景观极不协调，如图2.4所示。

图 2.4　矿区岩石裸露情况

2.3　露天采场生态修复技术

废弃露天采坑的存在给生态环境带来了诸多不利影响。废弃露天采坑的生态修复，如果只依靠自然往往需要花费数十年甚至数百年的时间来完成，而通过人工方式进行生态修复或景观改造，则可以快速地变废为宝。因此，国内外均展开了对废弃露天采场生态修复的研究工作。

截至2020年，美国约有5×10^5个废弃矿山，澳大利亚约有5×10^4个废弃矿山，加拿大约有1×10^4个废弃矿山。这些国家露天开采的比例一直较大，所以非常关注废弃露天采场的生态修复工作，其景观生态设计和可持续利用已有较多典型案例，如表2.1所示。

表 2.1 国外废弃露天采场生态修复的典型案例

国家	废弃露天采场名称	修复成果
美国	铜盆地矿区	人工湿地
	斯特恩采石场	帕米萨诺公园
	堪萨斯城废弃露天矿坑	食品和粮食地下储库
德国	北戈尔帕露天矿	露天博物馆
英国	采掘陶土留下的废弃矿坑	世界上最大的单体温室——伊甸园
日本	采石采砂场废弃矿坑	国营明石海峡公园
加拿大	采掘石灰石留下的废弃矿坑	废墟上建起的美丽田园——布查德花园

近些年，国外的学者对废弃露天采场的生态修复又提出了一些新的想法，如欧美一些国家相继开展了关于废弃矿井煤层气的研究。目前，美国已在圣胡安、黑勇士、北阿帕拉契亚、拉顿等多个废弃露天矿坑形成了商业产能；韩国国立釜庆大学宋金洋教授等研究了在废弃矿山坑湖中安装浮动光伏系统的可行性，并以韩国双龙露天石灰岩矿为案例进行了研究，验证了在该废弃矿山坑湖上安装浮动光伏系统的经济可行性和所得的生态效应；澳大利亚学者埃斯坦尼舍尔（Estannislal）提出建立使用露天或深矿的地下抽水蓄能水力发电的发电厂，以储存能源低需求时期产生的多余电力，并通过建立模型快速筛选出未来地下抽水蓄能发电厂的有利位置；西班牙学者哈维尔（Javier）等分析了将废弃露天采坑和淹没的地下矿井中的矿井水作为地热资源为周围村庄提供地热能，以及通过地下和地表水库之间的抽水蓄能发电的可行性，以改善逐渐衰落的传统矿区的经济和社会条件，并以西班牙北部阿斯图里亚斯中央露天煤矿为例进行了阐述。

我国露天矿坑修复工作虽然起步较晚，但是也有不少的优秀典型案例。我国废弃露天采场生态修复的典型案例，如表 2.2 所示。

表 2.2 我国废弃露天采场生态修复的典型案例

地区	废弃露天采场名称	修复成果
湖北黄石	大冶露天铁矿	国家矿山公园
	铜绿山古铜矿遗址	

续表

地区	废弃露天采场名称	修复成果
辽宁阜新	海州露天矿	国家矿山公园
	新邱露天矿	百年国际赛道城
上海	露天采石场遗址	上海佘山世茂洲际酒店
	采石场露天矿坑	亚洲最大展览温室——上海辰山植物园
浙江绍兴	露天采石场矿坑	东湖风景区
广西南宁	7个采石场露天矿坑	园博园
浙江杭州	太璞山遗留矿山陈迹	良渚矿坑探险公园
湖南长沙	大王山矿坑	冰雪世界、水上乐园

近年来，随着我国对生态环境的日益重视，科研工作者也针对废弃露天采场的生态修复开展了相应的研究工作。2019年4月，自然资源部推动开展长江经济带废弃露天矿山的生态修复工作，对长江流域一线的废弃露天矿进行调研和生态修复，也推动了对废弃露天采场的研究。刘强等阐述了利用废弃的采石坑修建地宫的做法；曹寿鹤博士等提出了一种抽水蓄能与坑底储油相结合的废弃露天矿坑综合利用模式，并以辽宁省抚顺西露天矿为工程背景进行了工程探索；袁亮院士等提出了以抚顺西露天矿废弃矿坑为基础建设国家级矿山地质公园的概念性规划，并对利用抚顺西露天矿废弃矿坑建设抽水蓄能电站进行了可行性分析；刘宏磊博士等以抚顺西露天矿为例，剖析了露天煤矿闭坑后正效应资源开发利用条件与优势，认为抚顺西露天矿规划利用类型可分为地表生态景观、坑壁商业场地、坑壁光伏电站、地下深部储藏场所、深部抽水蓄能电站，以及矿山博物馆和公园等。

依据场地的自然环境、历史文化和社会经济条件，将废弃露天采场开发为城市公园、矿山公园、博物馆、人工湿地、地下储库等多功能空间，是废弃露天采场修复的主要方式。如今，随着新能源开发的兴起和科学技术的进步，浮动光伏系统、抽水蓄能电站、抽水蓄能与坑底储油相结合、矿井水地热能利用等方式也逐渐进入人们的视野。

废弃露天采场虽有多种生态修复方式，但万变不离其宗，要想成功修复一个废弃露天采场，边坡修整与加固、恢复水土健康、选取适宜植物、应用3S[遥感（RS）、全球导航卫星系统（GNSS）、地理信息系统（GIS）]技术以及运用景观生态学理论是其成功的基础。

2.3.1 边坡修整与加固

露天矿大多采用爆破和机械开挖的方式进行开采，开采后形成的边坡如不进行有效治理与加固，往往会存在岩石崩塌、滑坡等安全隐患。因此，在生态修复工程实施之前，应特别重视边坡的治理工作。对不稳定的边坡、存在潜在滑坡风险区域的边坡、边坡的局部不稳定地段、存在伞岩和浮石的区域等进行治理与加固，治理后应满足的基本要求包括：边坡安全稳定，无滑坡风险；伞岩、坡面浮石等清理干净，不存在滑塌的危险；边坡加固修整后满足后续治理与利用的基本要求。

边坡修整与加固的主要技术措施包括：清理浮石危岩，防止发生大的岩块坠落；通过削坡、错台的方式降低边坡局部的边坡角，使边坡较危险区域不致发生滑坡等地质灾害；通过预应力锚索、锚杆、喷射混凝土等方式对边坡进行加固；矿山开采完成后可在坡面喷射一定厚度的混凝土或砂浆层，防止边坡表层岩体的风化；露天矿采坑边坡采用采坑回填和削坡减压/压脚加载模式控制边坡变形后，采取生态修复技术措施。对于边坡角度太大或预留的安全平台不符合规范的区域，在原有的基础上采取削坡、拓宽等措施，并采用多层级的挡土墙，结合植物形成类似梯田的植物景观，还可以采用台地消减场地高差等措施。

闭坑后的废弃露天采场采用无污染的废石、废渣、干排尾矿及其他固体废弃物进行回填，这样一方面可减少这些固体废弃物堆存对矿区土地的压占和对环境的污染，减少征地的费用；另一方面，可充分利用废弃露天采场的空间，降低采坑边坡的维护与治理成本。露天采场填充时，各填充物料应分层填充，分层压实，以防发生不均匀沉降，每层铺设厚度根据填充物料的性质确定，铺设一层，碾压一层，以最大限度确保填充效果。当填充物料与采坑境界地表接近时，可在碾压平整的填充物料上覆盖厚度不少于 60 cm 的矿区第四系表土，为后续植被恢复提供基质。

填充后的露天采场不仅从根本上消除了滑坡、崩塌、泥石流等地质灾害，还节约了边坡修整与加固的成本。该方法一般适用于凹陷开采所形成的露天采场，并且采坑周边岩体质量应相对较好，以免填充物料因边坡周围岩体失稳而发生泄漏造成次生灾害。填充时，填充物料的标高最好接近采坑周边的地表标高，这样可以保证填充物料来源广泛，降低成本。

2.3.2 恢复水土健康

2009—2019 年，矿山迹地复垦与生态修复研究的热点集中在土地复垦、修复、有机物、植被、土地利用、模式、景观、土壤等。由这些研究热点可见，不管废弃露天采坑采取怎样的生态修复方式，不治理污染的水土是行不通的，健康的水土是生态修复的根基。水污染的处理技术主要有厌氧石灰石沟渠法、人工湿地、连续产碱系统、可渗透反应墙、曝气/沉淀等；土壤污染的处理技术主要有植物修复、固化/稳定化、玻璃化等。

2.3.3 选取适宜植被

作为生态系统中的生产者，植被对于生态系统的恢复起着至关重要的作用。我们应根据区域气候和被破坏土壤的特点，选择适宜的植被，在最大限度地保留原有植被的同时，丰富矿区植物种类的生态功能。为了避免浪费和减少对原有植被生长的影响，必须防止引入不适合矿区环境的植物。

2.3.4 应用 3S 技术

3S 技术已广泛应用于废弃露天采场的生态修复。一般来说，当生态修复的范围比较大时，如果使用传统的修复方法，需要消耗大量的人力、物力，并且修复时间长，修复成本高。如果使用 RS 技术，不仅可以缩短修复时间，还可以进行大范围的扫描监测，通过接收植被、水体和岩土的反射光谱对矿区景观及污染情况成像，再利用 GNSS 可随时移动的特点，对 RS 图像进行定位，通过 GIS 对图像进行科学处理与分析后，可以绘制废弃矿坑场地及其生态修复需求，进而提出精确的生态修复建议。

2.3.5 运用景观生态学理论

景观生态学是研究景观组成单元的类型构成、空间格局及其与生态学过程相互作用的综合性学科。景观生态学在评价生态系统结构与功能稳定性、完整性等方面有很强的适用性。捷克学者运用景观异质性指标研究了捷克北波希米亚褐煤盆地的露天煤矿废弃地的土地利用格局，在分析其土地利用格局之后，设计出了 3 种不同的矿区废弃地恢复与重建的土地利用方案。

露天采场的生态重建主要包括三部分，即坑底、采坑边坡和矿坑周边受采矿活动影响的区域。坑底通常是矿山标高的最低处。矿山闭坑后，地下水、地表水往往汇集于坑底，这虽然对植被恢复产生了不利影响，但可为矿山边坡生态修复提供灌溉水源，或者根据矿山所处的区域位置，将矿坑开发为休闲娱乐场所，使其具有观赏性和娱乐性，充分利用矿坑的地形地势特点，让闭坑矿山仍具有可持续发展的空间；采坑边坡虽然立地条件恶劣，但针对岩质边坡的生态修复具有较为成熟的技术；采坑周边受采矿活动影响，区域的生态修复相对较为容易，因为这些区域虽受采矿活动的影响，但地表土层受扰动的程度相对较小，具备植物生长的基本土壤条件。

在露天采场边坡生态修复方面，国内外众多学者做了大量的理论与实践方面的研究工作，取得了大量的研究成果。如采坑坑底处于地下水位以下或坑底无积水的情况下，坑底多采用回填、覆土后进行绿化的方式进行生态修复，如马家塔煤矿对深度为 7~18 m 的露天采场回填矸石后覆土进行土地复垦，回填时将粒径较大的岩块填充到采坑的底部，粒径较小的填充到顶部，填充的同时充分地压实，表层覆盖 35 cm 厚的表土后种植草本植物，形成林草地，可以有效改善矿区的生态环境。

2.4 应用效果

以棒磨山铁矿露天采场为例，对开采后的采场进行生态修复。棒磨山铁矿位于唐山迁安市夏官营镇西南方向，是国家"七五"重点项目之一。该铁矿于 1989 年 10 月建成投产，2009 年，该矿原主体资源枯竭，露天开采闭坑。经多年开采，该铁矿场主要形成露天采场、排土场、尾矿库等微地貌单元，其中露天采场分为大、小采坑两个，位于矿山东部。

大采坑：采坑平面呈椭圆形，采坑占地面积约 392 940 m²（合 589.41 亩），坑口面积约 340 000 m²（合 510 亩）。采坑底部充水，水坑面积约 195 000 m²（合 292.5 亩），水面标高 +35 m，深度约 160 m，水面以上边坡高度为 40～60 m，坡度为 30°～60°。采坑 +55 m 标高以下边坡主要为岩质边坡，坡度为 60° 左右，采矿爆破致使边坡岩石破碎整体性差，在坑内积水影响下容易失稳，存在崩塌、滑坡地质灾害隐患；+55 m 标高以上为松散土质边坡，坡度为 40° 左右，并且采坑西北侧紧邻排土场，排土场高差约 65 m，坡度为 50° 左右，局部被周边砟场开挖区域，边坡坡度较大，在暴雨冲刷、震动等影响下边坡容易失稳、滑塌，如图 2.5、图 2.6 所示。

图 2.5 棒磨山铁矿大采坑

图 2.6 棒磨山铁矿大采坑边坡

小采坑：小采坑平面呈"月牙"形，坑口面积约 132 500 m²（合 198.75 亩）。采坑底部充水，水面标高 +45 m，深度约 45 m。水面以上边坡高度为 40～60 m，坡度为 30°～60°。

采坑 +55 m 标高以下边坡主要为岩质边坡，以上为土质边坡，坡度为 40° 左右，受采坑充水侵蚀影响，存在边坡崩塌、滑坡等地质灾害隐患。

2.4.1 采场修复措施

根据矿山实际情况，在项目区排土场和尾矿库土石料资源利用的基础上，分场地提出削坡分级绿化、格构护坡、土地整治等多种治理措施，对受棒磨山铁矿开采影响损毁的矿山地质环境及土地资源进行生态治理恢复。小采坑主要采取了土地整治措施，削坡后形成的土石方可运至小采坑进行填坑处理。矿山地质环境恢复治理工程主要针对大采坑进行部署，具体工作如下。

1. 削坡加固工程

大采坑 +55 m 平台采用挖掘机对采坑北、西、南三面边坡进行削坡，按 30° 进行放坡，形成 +55 m、+65 m 马道，边坡顶部结合周边土地整治形成 +70 m 平台，各马道之间设置两条 5 m 宽坡道，坡度为 90°。采坑东帮仅对坡面进行修整。+55 m 马道以下采用挖掘机带破碎锤等机械进行削坡，形成 +43 m 马道，边坡坡度为 60°，马道宽 8 m。削坡后形成的土石方运至小采坑进行填坑处理。岩质边坡机械削坡后，采用人工清理浮石并对边坡进行修整。

采坑东帮 +55～+70 m 土质边坡采用锚杆和格构梁方式进行护坡。格构梁与锚杆连接，坡面呈菱形布置。格构内植草护坡；+35～+55 m 岩质边坡坡面清理浮石后，采用预应力锚索方式进行支护，采用挂钢丝网喷射混凝土进行护坡。

2. 截排水工程

对边坡坡顶 +70 m 平台截水沟，+43 m、+55 m、+65 m 马道内侧排水沟、坡道内侧排水沟及坡面急流槽预留位置进行沟槽开挖，采用人工配合机械开挖的方式。

边坡顶部 +70 m 平台边缘砌筑截水沟，马道边坡底部砌筑纵向排水沟。同时，各马道设置横向排水沟，与坡面急流槽连接，便于雨水流出汇入采坑。连接上、下平台之间的坡道内侧设置排水沟，与马道纵向排水沟相连。

3. 绿化工程

采坑北、西、南三面铺设六棱砖后，分块栽植迎春、沙地柏等灌木，并进行养护管理。治理效果如图 2.7 所示。

图 2.7　棒磨山采坑治理后效果

2.4.2　治理成效

本项目的实施将有效消除棒磨山矿区因矿山露天开采造成的边坡崩塌、滑坡等地质灾害隐患，保护当地群众的生命财产安全；同时能充分挖掘废弃工矿用地潜力，有效提高废弃矿山土地资源的利用价值，促进当地经济的可持续发展。

该项目的实施能够大大减轻棒磨山矿区岩壁裸露、植被稀少等带来的不良影响，为棒磨山矿区及周边生态环境的安全提供重要保障。植物可以滞尘、吸收有害有毒物质，起到净化空气的作用，并且植物的根系能够增强土壤的储水能力，从而减少棒磨山矿区的水土流失，优化矿区气候条件，改善矿区地貌景观，改变矿区脏乱差的落后面貌，美化环境。

3 排土场典型生态修复技术

排土场是露天矿开采过程中形成的结构松散、植被覆盖度低、养分含量低、平台和边坡相间的松散堆积体，由岩石、土壤共同组成。

3.1 排土场的危害

排土场的形成过程决定了其具有物质组成复杂、大孔隙发达、土壤理化性质差等特点，在强降雨、地震、爆破震动等作用下易发生滑坡、地裂缝、地面塌陷等地质灾害。

3.1.1 滑坡

排土场松散边坡的破坏具有隐蔽性、累积性和长期性，影响边坡稳定性的因素主要包括地貌条件、气候条件及人类活动，可持续的土地管理政策需充分考虑浅层边坡破坏的控制。排土场浅层边坡破坏是边坡土壤侵蚀常见的诱发因素，其表现为地表植物、表层松散土壤的剥落破坏过程。排土场浅层边坡破坏常以浅层滑坡和浅层侵蚀为主。

浅层滑坡是指当边坡重力超过其内部最大阻力时发生的滑坡运动，通常是表土孔隙水压力增加，土壤黏聚力降低导致的，常发生在土壤内部的软弱滑动层上。

浅层侵蚀通常由积雪体运动、动物踩踏或人类活动等扰动因素造成，过多扰动造成植物退化及地表拉伸型裂隙，雨水或融雪径流入渗后形成滑动面，进而导致地表植物和表层土壤的流失。

浅层边坡破坏会造成水土流失、基础设施受损，甚至会诱发滑坡、泥石流等地质灾害，自然生态环境一旦遭到破坏，恢复起来难度较大，单纯靠自然恢复往往需要数十年时间，并且恢复期间易发生二次破坏。人工恢复措施成本高，并且难以保证获得预期的治理效果，因此有效防止浅层边坡破坏尤为重要。

3.1.2 地裂缝

地裂缝是在坡体内外应力共同作用下，浅层岩土被破坏而形成的宏观裂隙，主要发育位置为土层裂隙或断裂处。地裂缝一般为重力作用导致的拉伸型裂缝，以及不均匀沉降导致的塌陷型裂缝两种。拉伸型裂缝大多位于平台上，平行于等高线分布，长度数米到数百米不等。塌陷型裂缝分布无明显规律，与非均匀沉降关系密切。地裂缝破坏了排土场坡体的整体性，形成的地表径流与溶质运移的优先流现象破坏边坡稳定性，使发生滑坡、崩塌、泥石流等大型地质灾害的概率增加，对矿山地质环境造成了较大威胁。同时，地裂缝也会造成地表水肥流失，使本就贫瘠的生态环境更加难以修复，土地生态安全问题日益突出。

3.1.3 地面塌陷

地面塌陷是地表岩土体在自然或人为因素作用下向下陷落，并在地面形成塌陷坑（洞）的一种地质现象。排土场岩土松散、压实不均匀，内部孔隙较多，存在较多漏洞隐患，这会加剧雨水入渗与侵蚀作用。

3.2 排土场生态修复技术

目前，排土场生态修复典型的技术主要有地貌重塑技术、土壤重构技术、植被恢复技术。

3.2.1 地貌重塑技术

我国各类露天矿的排土场工艺，主要包括平台和边坡优化等，均属于地貌重塑。在建设过程中，应充分利用这些工艺对排土场进行场地优化，为恢复排土场生物多样性提供稳定的生态环境。从外观看，排土场呈平台与边坡截然分明、相间分布的阶梯状地形，如图3.1所示。

图 3.1 排土场示意图

排土场地形的改变会对其生态环境产生不同程度的影响，尤其是坡度比例、朝向的不同会使降水、热量情况产生偏差，这将进一步影响排土场物质的分散、搬运和沉积。平台优化就是对平台进行平整后塑造微地形，按照四周高、中间低的方式对地形进行塑造，边高与中心最低的高差不宜过大或过小，以 20 cm 左右为宜。排土场存在的主要问题包括 3 个方面：一是排土方式，二是设计不合理导致的稳定性问题，三是水土流失问题。

目前，河北省冶金矿山排土主要有汽车－推土机联合排土、铁路－装载挖掘机排土、胶带运输与排土机联合排土3种方式。汽车－推土机联合排土方式在冶金矿山排土场得到广泛的应用。排土方式除考虑安全因素外，还要考虑成本。排土方式与开拓运输系统、排土计划和排土设备的发展有关，主要集中在如何缩短运距，优化排土线路，装、运、排设备的大型化和智能化这几方面。

近年来，不少学者就排土场规划及排放方案开展了研究，如我国辽宁工程技术大学王东教授等以内排土场空间利用最大化为目标，基于采场工作线及边坡角、内排土场边坡角、基底倾角对排土线的影响规律，构建了采场工作帮、内排土场、端帮和基底的空间几何模型。然而这些研究中，并未充分考虑重塑地貌与周边自然地貌起伏贴合的情况，导致内排土场往往被重塑为平台加斜坡的"简单梯田式"形态，人工地貌形态明显，易引发严重的景观破碎化问题。相较于人工规则地貌，自然地貌作为长期演变的结果，具有高度的区域适宜性与稳定性，可作为修复区地貌重塑的参考对象。国外实践证明，基于自然的地貌重塑能够更好地适应当地气候条件，仅用较少的维护费用便能有效提高区域抗水蚀能力。因此，采用贴合周边自然地貌的排土场重塑方法，可解决排土场设计结果与周边自然地貌间不贴合的问题。

当前，常用的地貌重塑技术主要有传统坡面重塑、等高线重塑、自然相似性重塑和近自然地貌重塑等技术。

1. 传统坡面重塑

传统坡面重塑将坡面地貌重建为坡面和平台相间的梯田式景观，平台表面地势平坦，一马平川，坡面呈固定角度分布。排水渠道在坡面上线性布局，并垂直于平台和边坡的相交线，一般位于坡面凸出边角处。这种地貌重塑方式形成了规整的斜坡现象和等距台阶，对地貌自然美产生了一定的负面效应，容易引发视觉单调性，是一种不成熟的地貌重塑方式。坡面排水沟分布稀疏，容易产生新的细沟侵蚀；植被配置单一，也缺乏自然地貌和景观多样性的特征。但由于该方法在施工上的简便性和安全性，仍被大多数工程方案所采纳，如山坡上的宅基地开发、垃圾填埋场设计和露天矿采矿地貌修复等。

2. 等高线重塑

等高线重塑与传统坡面重塑最大的区别是边坡与平台的交界线呈曲线布置，而不是规整的形状，所以形成的坡面在横向上具有明显的起伏变化，反复变化也使坡面产生类似海浪的形态，这种设计的初始目的是达到良好的视觉效果，并不是效仿自然，因而坡面起伏具有随机性。另外，等高线重塑地貌中平台表面依然呈一马平川状，没有自然的地形起伏，边坡呈固定角度分布，不同的是坡面底端与自然地貌实现了缓坡衔接，这种景观融合方式代替了传统坡面重塑地貌衔接的突兀性。该方法所设计的输水渠道一般位于凹处的斜坡地段，但是这种布局会占据坡面起伏缓冲区，并且渠道线性布置，视觉效果并不美观。另外，坡面上植被配置单一，人工地貌景观痕迹明显。

3. 自然相似性重塑

自然相似性重塑通过沟道将坡面分割为多个大小不一的单元，以保持地貌的抗侵蚀性和多样性。这是一种试图模仿自然稳定地貌的技术，是针对传统或常规坡面重塑技术的不足发展起来的。自然相似性重塑由一系列凹凸坡面形成，并混有大小不一的洼地和凸起，人工重建地貌与自然地貌间没有明显的界线，这在一定程度上减少了地貌突变。人工重建地貌坡面上的渠道布局与传统坡面重塑方法差别明显，现有地表径流流向坡面洼地，呈线状、片状分布，并且在下覆岩层稳定的情况下，限制非自然材料的应用。植被配置也以最大化利用水资源为目的，乔木和灌木主要集中在凹坡地带和坡面洼地，凸起或河间地带配置当地常规物种，这种植被分布模式在自然界非常普遍，乔木和灌木成群聚集，而不是均匀平铺。自然相似性重塑是地貌发展的一个飞跃阶段，是技术和理论上的重大突破。

4. 近自然地貌重塑

自然相似性重塑虽然尝试着设计出了自然地貌形态，但没有考虑地形、水文及植被的内在联系，多以自然外观为导向，缺乏地貌特征的内在关系分析。近自然地貌重塑是在野外调查水文与植被、土壤数据的基础上，分析地貌特征内在相关性，在水文地貌学、流域地貌学等理论的支持下，用蜿蜒水系代替直线沟渠，用自然坡面代替梯田式坡面的地貌重塑技术。该技术以河网规划为基础，重建的水系仿照了自然稳定地貌的水系特征，具有高效的输水功能，不会出现严重的土壤侵蚀和冲积物堆积现象，在地貌过程理论支撑下，可以设计出"模拟自然外观和具备稳定功能的地貌"。近年来，该方法在矿区采掘作业中逐渐被确认为当前可用的最佳地形恢复技术和最佳可用技术。

3.2.2 土壤重构技术

土壤重构即重构土壤，以工矿区被破坏土地的土壤恢复或重建为目的，采取适当的采矿和重构技术工艺，应用工程措施及物理、化学、生物等措施，重新构造适宜的土壤剖面与土壤肥力条件以及稳定的地貌景观，在较短的时间内恢复和提高重构土壤的生产力，并改善重构土壤的环境质量。

采矿过程中产生的大量废土、废石和尾矿等废弃物，作为排土场主要的构筑物，不同于普通的土壤，通常含有混合的土壤、不同粒径的沙砾、尾矿废物及其风化产物等。有学者提出，矿区生态修复技术研究应该先以土壤重构为主要攻坚方向，并非将生态修复重心停留在生物因素上，做好矿区生态修复的主要任务是前期构造一个最优的土壤环境，即物理、化学和生物条件适宜土壤生物生长和繁殖的环境。由此，矿区生态修复中，土壤重构应是土地复垦的核心内容之一，深入研究土壤剖面重构的理论与方法，对构造适宜植物生长的土壤介质和迅速恢复土壤生产力，以及提高复垦效益都具有重要的理论和现实意义。土壤重构采用的主要方法包括：对排土场施加硝化污泥等材料达到改善土壤理化性质的目的；利用微生物提高土壤肥力；施加营养物质，针对地貌重塑后的土壤肥力差的情况，将有机肥和无机肥合理配置后施加，增加土壤中的有机和无机物质，提高土壤肥力。

1. 城市污泥改良矿区土壤技术

城市污泥是城市污水处理厂在污水处理过程中产生的固体废弃物，具有有机质含量高和氮、磷、钾等养分充足的优点，将城市污泥用于矿区废弃地复垦，可为废弃地补充养分，同时达到处理污泥的目的。在施加污泥等材料改善土壤理化性质方面，国内外学者做了大量的研究工作，这对排土场土壤改良具有重要的借鉴作用。王开峰博士等通过添加不同比例的粉煤灰和炉渣对城市污泥进行钝化，配制成不同灰渣比例的人工土壤，探讨此种人工土壤用于无土矿山废弃地生态修复的可行性；杨源通博士等通过盆栽试验的方式，研究污泥、蔗渣及一种硅质钝化剂对稀土矿废弃地麻风树生长和元素吸收的影响，结果表明，污泥和蔗渣可显著促进麻风树的生长和元素吸收；已有实验室模拟和现场研究结果表明，污泥堆肥的施用可同步实现矿山废弃地土壤基本理化性质改善、土壤微生物数量和代谢活性提高、植被的快速生长和生态功能的快速重建；王宁博士等为了探索城市污泥对铁尾矿砂的改良作用，将铁尾矿砂与城市污泥按不同的比例混合，结果表明，城市污泥对铁尾矿砂有一定的改良作用；陈莺燕博士等针对离子型稀土矿尾砂地土壤，选取城市污泥等改良剂对尾矿砂进行改良，研究有机改良剂及生物炭单施或配施对离子型稀土矿尾砂地的改良效果机理，从而为离子型稀土矿尾砂地生态修复提供科学依据。污泥堆肥施用于矿山废弃地后，将对土壤的理化性质和土壤微生物结构功能构成影响，由此影响植物的生长及有毒、有害物质的迁移转化，污泥所含营养物质能够显著改善土壤理化性质和土壤微生物活性，从而促进植物生长，同时植物根际微生物代谢及所分泌的有机酸（如柠檬酸）反过来又对土壤质地、孔性、酸碱度（pH）和有机质等理化性质进一步改良，而微生物代谢促进原生矿物的风化形成活性次生矿物，进一步对土壤结构性质构成影响，从而构成良性循环。污泥堆肥用于矿山废弃地生态恢复的示意图，如图3.2所示。

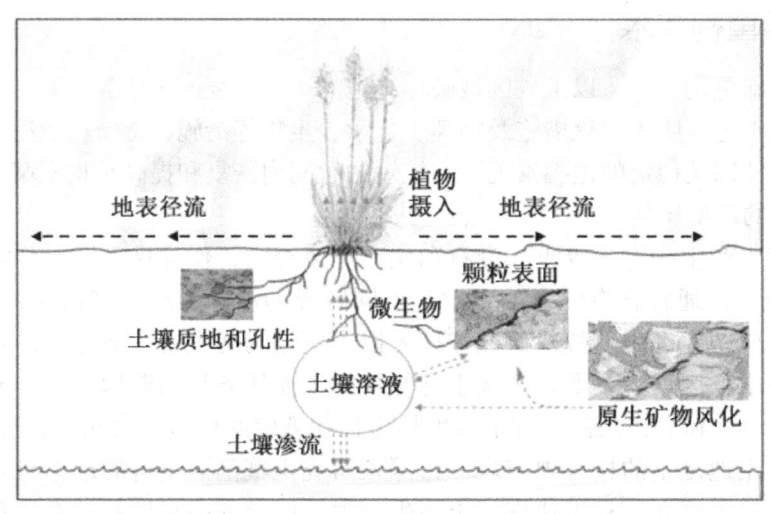

图3.2　污泥堆肥用于矿山废弃地生态恢复的示意图

已有的实验室或现场场地试验结果显示，污泥堆肥施用于矿山废弃地后会有效改善土壤的理化性质，具体反映在土壤pH、电导率（EC）、有机碳（OC）、总氮、总磷、总钾、阳离子交换容量（CEC）和铁锰氧化物含量等理化指标参数上。污泥堆肥施用引起的矿山废弃地土壤基本理化性质变化情况，如表3.1所示。

表 3.1 污泥堆肥施用引起的矿山废弃地土壤基本理化性质变化情况

污泥改良剂	土壤类型	施用量（以干基计）	试验规模	试用周期/d	指标相对空白变化比例		
					pH	EC	OC
CLV/(CLV+C1)	S0	75 t/hm²	现场试验	450	8.1%～9.3%（-）	360%～430%（+）	700%～800%（+）
CSL/CLV	S1	2%、55%、10%	实验室试验	45	3%～7%（-）	200%～850%（+）	100%～1040%（+）
CSL	S2	2%、55%、10%	实验室试验	32	48%～100%（+）	0～47%（+）	31%～100%（+）
CO+CSL	S3	2%、55%、10%	实验室试验	32	200%（+）	10.5%～53%（+）	31%～100%（+）
CSL/CLV	S4	2%、55%、10%	实验室试验	45	0～4%（+）	0～19.5%（+）	19%～130%（+）

注：CLV——橄榄枝废物+污泥共堆肥腐熟6～10个月；C1——用生物肥料接种幼苗；CSL——市政污泥堆肥腐熟6个月；CO——含83.4%的CaO石灰材料；S0——弱碱性铁矿山废弃地；S1——弱碱性石矿山废弃地；S2——酸性多金属尾矿山废弃地；S3——S2添加CO调节pH=7的土壤；+表示指标相对空白增加；-表示指标相对空白减少。

由表3.1可见，不同pH条件下的矿山废弃地在施用污泥堆肥后的土壤理化性质改善状况并不完全一致。对于弱碱性矿山废弃地，在一定堆肥施用量条件下，土壤pH仅出现小幅下降，而对于酸性矿山废弃地，土壤pH有所提高，这得益于污泥堆肥优异的酸碱缓冲性能。无论是酸性矿山土还是碱性矿山土，EC和OC提升效果明显。总体而言，无论对于酸性还是碱性矿山废弃地，污泥堆肥对土壤理化性质都有相当的改善效果，但污泥堆肥施用于碱性矿山废弃地会引起附近水质的恶化和富营养化，需要加以重视。

土壤微生物是土壤中最活跃的成分，是土壤理化性质改善的重要推动力，更是推动土壤生态系统物质交换、能量流动的重要一员。因此，土壤微生物量、酶活性和微生物呼吸等对土壤扰动敏感性更高的生化指标常被用于辅助判定污泥堆肥对矿山废弃地土壤生化性质的改善效果。单一酶活性指标能提供关于特定养分循环的信息，但不能完全反映土壤的总体微生物状态，因此有研究者提出使用酶活性几何平均指数（Gmea）来评估土壤功能。另外，微生物呼吸常用来量化微生物总体代谢水平，再由土壤诱导呼吸率（SIR）估算土壤微生物含量（以碳计），由此反映了土壤微生物群落结构的总体代谢水平。

美国、瑞典、加拿大、波兰等发达国家早在20世纪末就开展了关于市政污泥/稳定化市政污泥应用于铜矿、铜钼矿、铅锌矿和煤矿等矿山废弃地的植被恢复研究,早期主要研究市政污泥脱水或经过厌氧消化后的土地利用,近年来市政污泥堆肥用于矿山生态恢复的案例逐渐增多。国外关于污泥/污泥堆肥用于矿山生态修复的案例,如表3.2所示。

表3.2 国外关于污泥/污泥堆肥用于矿山生态修复的案例

国家	矿山类型	污泥类型	回施量	修复时间	修复效果
美国	铜矿山	脱水干化污泥	248 t/hm² (完全混施) 或 371 t/hm² (表面回施)	8~10年	表面回施污泥的地块表层30 cm持水量是完全混施方式的2倍,植被覆盖率达56.8%,土壤微生物的反硝化活性得到加强,矿山中高含量的铜(Cu)和钼(Mo)主要富集在植物中
美国	铅锌矿	污泥厌氧消化沼渣	10 t/hm²	20个月	植物平均生物量快速增至3.4 t/hm² (空白土壤为0.01 t/hm²),植物中重金属含量仍处在正常范围内,土壤的游离锌(Zn)含量由空白土壤的50 mg/kg降至4 mg/kg
加拿大	铜钼矿	污泥厌氧消化沼渣	150、250 t/hm²	13年	土壤总碳和总氮含量显著增加,土壤有机质增加23~155 t/hm² (以碳计),碳捕集速率为0.72~6.3 t/(hm²·a),污泥中有机质储存率可达0.74 t/hm² (150 t/hm²污泥施用量),较低回施量的固碳能力更强
瑞典	铜尾矿	污泥堆肥	30% (体积比)	20个月	增加矿区植物(大麦和紫羊茅)的生物量,改善土壤孔隙结构,酸性不利条件下大量溶出的毒性金属在紫羊茅中有一定富集
瑞典	铜尾矿	污泥厌氧消化沼渣	约1 090 t/hm²	2年	可促进植被快速恢复,对地下水水质仅存在短期的负面影响,抑制铜矿山含硫矿物氧化过程带来的环境二次污染
波兰	褐煤矿	污泥堆肥	15、30或45 t/hm² (混低镁碳酸钙)	18个月	土壤有机质增加带来的碳汇量最高可达127 t/hm²,而且这部分有机质中的腐殖酸比例提高了60%~100%,植物中碳含量也高达60%

由表 3.2 可见，国外开展的场地试验证明市政污泥经稳定化处理后可促进矿山生态恢复，帮助矿山形成有效碳汇。然而，目前对于污泥施用可能带来的水体富营养化风险、重金属迁移和富集风险还未开展长期系统、深入和定量的评估工作，这也将成为未来评估市政污泥堆肥用于矿山生态恢复可行性的重要研究方向。

2. 微生物修复矿区土壤技术

微生物是土壤生态系统的一个重要组成部分，它们与土壤结构形成及营养元素循环有着密切联系，直接影响生态系统的平衡和土壤生产力，在生物地球化学循环和生态系统功能中起着决定性的作用。大量的研究发现，土壤微生物数量及活性是反映土壤生态系统供肥能力和土壤健康状况的重要指标之一。土壤微生物是土壤肥力发展的主导因素，利用微生物可提高重构土壤的肥力。研究表明，复垦和未复垦土壤的微生物量都会随时间的延长而增加，并且复垦土壤整体的微生物活性增长更快。植被生长使得土壤细菌种类趋于丰富，群落多样性提高。在矿山固体废弃物中引入微生物，促进植物根瘤菌和菌根的生成，从而促进植物迅速生长、固定废弃物和加速废弃物风化成土。

随着对植被恢复对土壤微生物影响的不断完善和改进，综合利用多种方法研究植被恢复对土壤微生物的影响应进一步加强，为植被恢复提供理论依据，了解土壤微生物对恢复活动的反应对预测恢复轨迹至关重要。李君剑等将山西省安太堡露天煤矿复垦区作为研究对象，分析植被恢复方式对土壤微生物和酶活性的影响。王同智以黑岱沟露天矿复垦 7 年和 14 年的排土场为研究样地，对其土壤养分状况、土壤丛枝菌根（AM）真菌群落、植物群落及 AM 真菌与植物系统的生态修复功能，进行了系统研究。张淑彬等以灭菌的露天煤矿区回填土壤为培养基质，对沙打旺接种 8 种不同的菌根真菌，研究菌根真菌对沙打旺生物量和菌根侵染的影响，结果表明菌根真菌菌株在矿区回填土中具有良好的生态适应能力，为在露天矿区条件下植被重建和生态恢复提供了室内试验数据。许剑敏等认为，在矿山废弃地中施用微生物菌肥可有效增加微生物活性，改善土壤环境，对植物生长也有促进作用。目前，已有大量矿山将微生物肥料用于矿山废弃地土壤改良。

矿区生态修复的关键在于植被的重建，尤其是针对开采过程中产生的土地占用、土地污染等问题。常勃指出，施用一定的菌剂可有效提升矿区土壤的基础养分含量、加速土壤熟化。张丽秀在苜蓿中接种镰刀菌发现可有效分解矿区的高环芳烃，最高降解速率达到 15%。单一菌种很难适应我国矿山排土场面积大、类型多和情况复杂的特点，未来应当继续加强对复合菌种的筛选与施用类型的匹配、微生物修复生态风险评价、矿区实践应用监测等方面的研究，让微生物修复技术在矿区的实际应用更具有现实意义。苗春光等针对露天矿排土场的特殊环境，研究丛枝菌根真菌与沙棘的共生状况，以及菌根对沙棘根系发育的影响，结果表明，利用微生物促进露天矿排土场土壤改良具有较强的可行性，对矿区生态系统的恢复具有重要意义。

3. 矿区土壤改良技术

利用工程及生物措施，通过改良土壤理化性质，达到修复和重建被破坏土地的目的。为了降低矿区废弃地的土壤密度，改善土壤结构，提高土壤孔隙度，短期内可采用翻耕和施有机肥的方法。对于偏酸性的土壤可以选择石灰或使用碳酸氢钠调节土壤结构。大部分矿区废弃地缺乏氮、磷、钾和有机质等营养物质，要想改良土壤的理化性质，使土壤适合植物生长，需要在土壤中添加营养物质，加快生态恢复进程。研究发现，通过添加含氮的木屑来提高土壤中氮、磷、钾的含量，可有效提高树木、非禾本科草本植物和灌木的存活率。研究表明，使用低热值的煤炭腐殖酸物质，可借助土壤热化过程，提高石灰性土壤中磷的含量。

绿肥法是目前改良复垦土壤，增加有机质和氮、磷、钾等多种营养成分的有效方法。生物固氮是很好的土壤增肥改良方法，其原理是利用固氮植物、微生物改善土壤理化性质，如杨梅、沙棘具有很强的固氮能力。研究表明，在污染严重的矿山废弃地种植豆科植物可使土壤中的氮含量显著提高。根瘤菌与豆科植物共生的固氮作用明显，有利于土壤中氮的积累。土壤中添加草炭+珍珠岩+稻糠、草炭+沸石、粉煤灰、膨润土、污泥、秸秆、绿肥作物、微生物菌肥和功能微生物菌等各种材料的土壤改良技术，在各种露天矿区排土场均具有较好的效果。

3.2.3 植被恢复技术

植被恢复是矿山排土场再利用的一种有效途径，植被恢复不仅可以优化土壤的结构和质地，还可增强土壤的生产力和水土保持能力，进一步减少水土流失，改善局地生态环境，达到矿区生态恢复和污染治理的目的。植被恢复提高了土壤的再生性能，同时减少了排土场平台和边坡的地表径流和土壤侵蚀。

不同树种对根际土壤质量的改善程度，为矿区废弃地复垦筛选适宜树种提供了重要指标，决定复垦土壤是否适宜植被恢复的因素主要包括pH、土壤层深度、保水能力、排土场的岩性、地貌特点等。植物修复最理想的状态是生物与环境的协调进化，这对生物的选择提出了较高要求，因此合理选择植物种类尤为重要。适地适植的原则要求严格做到覆盖土、气候等自然环境条件与筛选物种生态学特性相统一。矿区生态恢复筛选的复垦植物一般具有耐盐、耐旱、耐贫瘠、耐高温、抗腐蚀、生长周期短、根系发达以及重金属富集能力强等特点，在恶劣的环境中也能正常生长。植物物种的选用应强调对土壤的适应性和对土壤的良性改造能力，例如，当地多年生植物，因其能适应当地的生长环境并且具有较强的忍耐性和可塑性，在复垦生态系统中，与复垦植物组成多层次的植物群落，共同推动了生态演替的进展，可形成结构复杂且稳定的生态系统。

不同环境下的植物筛选有多种选择，从生物多样性的角度出发，应对多种植物进行不同组合种植。不同环境中复垦植被的选择应遵循以下原则：①生长周期短，对环境有较强的适应性，植株抗逆性好，能快速生长；②考虑到氮是植被恢复所需的主要元素之一，应优先选择有固氮能力的树种；③优先考虑优良乡土树种和先锋树种，也可引进合适的外来速生树种；④树种选择不仅仅要考虑性价比，更应考虑是否对当地土地复垦有积极作用。

生态系统的结构和功能与植物群落之间相互作用、相互促进，排土场复垦不同种植模式的研究主要集中于排土场不同种植模式与复垦土壤因子的相关性、生物物种丰富度、边坡水蚀控制的研究。排土场植物配置有多种模式，要考虑以下原则：深根和浅根植物相结合原则、互利共生原则、合适的外来先锋草种和本地物种相结合的原则，以及不同生态位物种合理搭配的原则。

矿区植被修复不仅仅是对植物的筛选和培育，更重要的是植被修复应以恢复原生态环境和保护生物多样性为出发点，将生态学理论和原理作为指导，从地貌恢复、土壤重构、植被演替等方面，运用工程技术、农林栽培技术和生物技术等进行土地复垦，进一步恢复生态环境。矿区植被修复应全面考虑研究区域，先对种群空间分布格局、群落动态和研究区域进行研究，再确定植被修复的模式，进而制定出相应的方案和配套的技术措施。

3.3 应用效果

迁安市塔山铁矿排土场包括金山排土场、亚强排土场、驿南府排土场等，3个排土场占地 132 hm^2，有效排土容积 8.56×10^7 m^3。

3.3.1 排土场修复措施

迁安市塔山铁矿的治理主要分为排土场和尾矿库两部分。在排土场的治理上，主要应用了"燕山采矿迹地排土场绿色产业生态重建技术研究""燕山采矿迹地绿色产业生态重建技术"等成果，分期、分批治理。例如，亚强排土场建成绿色、生态农业观光产业模式，在治理上，根据排土场的高度，平整后将其分为4个阶梯，每个阶梯均设置安全平台（宽8~10 m），北部一、二、三、四阶梯长度分别为850 m、700 m、650 m、626 m；东部偏南处修建排土场入口，一段阶梯长度为320 m，其余各阶段长度都为460 m；排土场的南部紧邻采矿坑，修建宽50 m的平台，总长度为700 m。排土场最顶部平整后总面积约10 hm^2。在每个台阶上都修建挡土墙，栽植景观树，在紧邻公路处修建长城墙，排土场的东北角修建了急流槽；对西面道路进行硬化，一直通向排土场的顶部平台，路两边修建排水沟；在排土场顶部平台修建蓄水池，配套了滴灌设施。其余两个排土场也进行了土地平整和错台，在3个排土场顶部平台栽植核桃树，坡面栽植沙棘和紫穗槐等植被恢复苗木。

3.3.2 治理成效

该项目治理排土场3个，动土石方超 2×10^6 m^3，修建挡土墙 4 800 m^3，坡面修筑花砖 3 300 m^3；硬化道路超 5 000 m^2，修建急流槽1座，蓄水池3个，排水沟超过 2 000 m；复垦土地 28 hm^2，栽植核桃 2×10^4 株、板栗 1×10^4 株、景观树 5 000 余株；恢复植被 162 hm^2，种植紫穗槐 4.2×10^6 余株、沙棘 2×10^6 株。排土场治理效果初步显现，水土流失得到控制，生态功能得到恢复。塔山铁矿排土场治理前后对比，如图3.3所示。

（a）修建土墙

（b）恢复植被

图 3.3　塔山铁矿排土场治理前后对比

4 边坡的危害及岩质边坡典型生态修复技术

边坡是地壳表部一切具有临空面的地质体，具有一定的坡度和高度，是自然或人工形成的斜坡，是人类工程活动中最常见的一种自然地质环境。露天矿边坡主要是指矿场周围的倾斜表面，边坡则是由已经结束采掘工作的台阶所构成的总斜坡。边坡自形成起，在重力、风化、地震和其他地质力作用下不断发生变化，应力重新分布，并随着边坡的演变，坡内岩土体发生不同形式的变形与位移，坡体在自重、水、震动力及其他因素作用下，常常失稳而发生滑坡或崩塌，并可能进一步造成地质灾害。

4.1 边坡的危害

4.1.1 崩塌

陡坡前缘部分岩土体突然与母体分离，翻滚跳动崩坠崖底或塌落而下的过程和现象，称为崩塌。崩塌是露天矿边坡容易出现的一种现象，主要是岩体风化，加上爆破作业产生振动，导致岩石脱落、破碎，崩塌会破坏边坡原有的形状，使台阶的宽度变窄，从而无法满足基本的施工需要。在破坏性比较强的矿区，或者是开发力度比较大的地区，崩塌现象时有发生，严重时会中断运输线，增加维修成本。严重的崩塌，会使整个边坡的形状改变，边坡的坡度角变小，从而增加施工风险。

4.1.2 滑坡

滑坡是斜坡上的岩体或土体，在重力作用下，沿一定的滑动面整体下滑的现象。滑坡是滑坡体沿着某一平面由上而下移动发生的，滑坡体从上至下需要经过一段时间，从一开始的变形，到后来的突然滑落，会经历很长一段时间，某些滑坡的发生是有征兆的，有些则是突然发生，没有任何预兆。滑坡根据滑面的不同又可以分为平面滑坡、圆弧滑坡及楔形滑坡等，当倾角小于边坡角时，边坡岩体容易发生沿结构面的平面滑坡；当岩体已经发生破碎时，垂直于坡肩方向呈圆弧形的滑动，为圆弧滑坡；当倾角大于结构面的摩擦角且小于边坡角时，容易产生楔形滑坡。

4.1.3 倾倒

倾倒是一种事故现象，与滑坡有着类似之处。倾倒主要是边坡岩体内部的软弱结构面导致的,这些结构面将边坡岩体切割成许多互相平行的块体,在重力作用下,这些块体就会发生弯曲,进而倾倒,对人们的生命财产安全造成极大的影响。

所有的边坡失稳,均涉及边坡岩体在剪切应力作用下的破坏。因此,影响剪切应力和岩体抗剪强度的因素,都会影响边坡的稳定性。例如,构成边坡岩体的工程地质性质及其变化;边坡中断层、层面、不整合面等不连续面的产状与坡面倾向、倾角之间的关系;边坡尺寸和形态的改变;坡脚遭受水的侵蚀或人工开挖;边坡上天然或人工加载;边坡岩、土体中地下水位的升降,以及地震和爆破引起的瞬时振动等。

4.2 岩质边坡典型生态修复技术

露天矿岩质边坡生态修复是矿山环境治理所面临的重大技术难题之一。岩质边坡一般较高、较陡,生态治理困难,传统的生态防护技术多适用于缓坡,在高陡边坡治理中,多出现抗冲刷能力差、植被生长情况不理想、斑秃严重等情况,绿化效果较差。岩质边坡典型生态修复技术主要包括飘台种植槽绿化技术、高次团粒喷播绿化技术、种植孔绿化技术、植生袋绿化技术、绿植攀爬网绿化技术等。

4.2.1 飘台种植槽绿化技术

飘台种植槽绿化技术指在高陡岩石边坡坡面按设计间距打入锚杆,并在坡面外端预留一定长度,将此预留锚杆作为载体,在其上构筑钢筋混凝土种植槽,在槽内回填种植营养土,并种植具有抗旱、抗逆性的草、灌、花、乔等植物,通过一段养护生长后用以遮挡坡面的一种技术模式(见图4.1)。

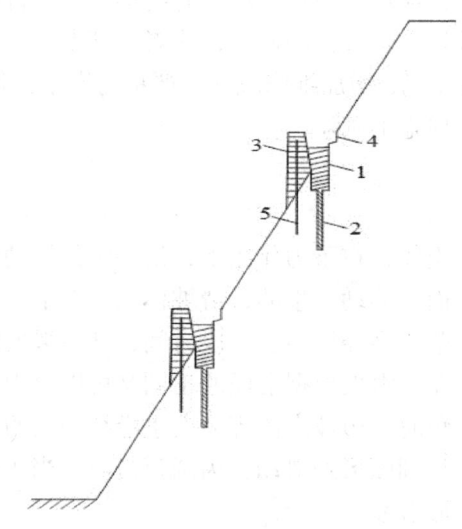

1—种植槽;2—蓄水孔;3—挡水墙;4—缓冲槽;5—加强筋

图4.1 飘台种植槽绿化设计图

飘台种植槽绿化技术主要用于高陡岩质边坡的绿化种植，其结构包括种植槽、蓄水孔、挡水墙、缓冲槽和加强筋。种植槽与水平面垂直；蓄水孔位于种植槽底部，通过在种植槽底部垂直水平面向下钻孔得到；挡水墙位于种植槽下沿，与种植槽平行；缓冲槽位于种植槽上沿，与种植槽平行；加强筋位于挡水墙内，与水平面垂直，连接坡面和挡水墙。种植槽宽度为20～30 cm，种植槽上沿距种植槽底部30～50 cm。蓄水孔直径为8～10 cm，深度为100～120 cm，相邻蓄水孔距离为100～150 cm。挡水墙呈梯形状，挡水墙上沿比种植槽上沿高出5～8 cm。缓冲槽的上槽边与水平面垂直，缓冲槽的下槽边与种植槽上沿连接，下槽边与水平面夹角为8°～10°。缓冲槽宽度为20～30 cm。加强筋为Φ12 mm的钢筋，加强筋插入坡面深度为50～80 cm，相邻加强筋的间距为30～50 cm。

1. 飘台种植槽绿化技术的特点

在高陡岩质边坡的生态治理工程中，除了要满足边坡稳定性的前提，还要与周边环境紧密结合，形成绿色生态景观。达成该目的需采取工程措施与生物措施相结合的处理技术，既要满足技术要求，又要达到生态治理的要求。

飘台种植槽绿化技术是专门针对高陡（大于70°）岩质边坡快速生态修复的新型水土保持生物措施技术，是涉及水文地质学、水土保持学、园林园艺学、土壤肥料学、恢复生态学、材料科学、岩土工程学、结构力学等多学科的一项交叉科学技术。作为工程措施和生物措施相结合形成的综合性边坡生态修复创新技术，飘台种植槽绿化技术在城市高陡岩质边坡生态复绿中展示出了特有的技术优势。

飘台种植槽的结构形式除采取直板式外，还可以采用"V"形、"U"形、"L"形等。对于坡度大于70°的高陡裸露石质坡面，一定要对坡面现状、地质地貌、植被群落、气候条件等进行认真调查和分析，因地制宜地设计方案。针对坡面不同情况，设计不同类型的种植槽结构。

2. 飘台种植槽设计

飘台种植槽绿化技术已广泛应用于南北各类工程建设形成的高陡边坡生态治理项目中，实现了高陡边坡快速和持久绿化。在实际工程中，只要根据坡面具体情况因地制宜地调整植物配置和工艺措施就可以在各种高陡裸露坡面达到生态复绿的目标。此类项目施工中，建议种植槽内物种的配置以"上爬、中挡、下垂、中间有花草"为基本原则，上爬下垂物种选择攀爬能力较好的藤本物种，中挡物种选择有一定冠幅的灌木和亚乔木类型的木本植物（建议采用一些常绿物种），中间区域可以结合项目情况种植能快速体现效果的花草植被物种。以上物种可以分别按不同组合进行配置，设计合理的间距，满足不同的工程环境需要。飘台种植槽绿化技术作为在高陡岩质边坡上进行植被恢复的一种手段，设计时应对飘台种植槽结构的构成进行分析，对飘台种植槽构件的荷载进行稳定性分析，设计极限承载力，满足承载的需要，选择合理的锚杆参数。飘台种植槽设计施工图，如图4.2所示。

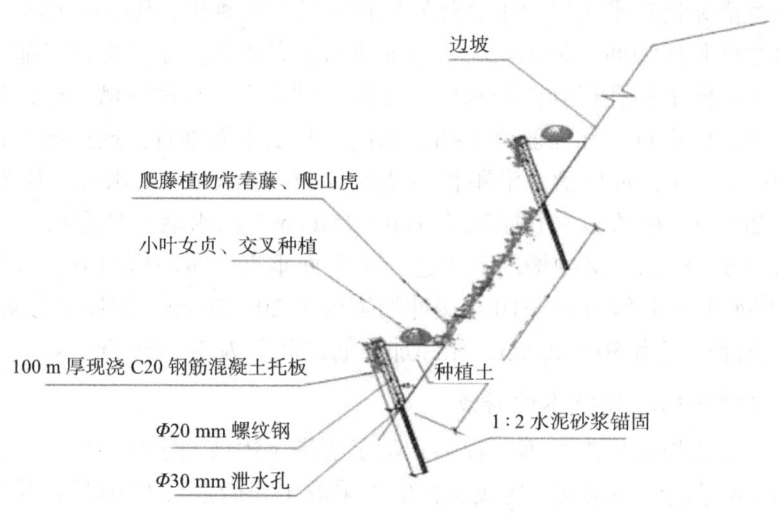

图 4.2　飘台种植槽设计施工图

喷灌系统安装在高陡岩质边坡一般高度在几十米，有些在百米以上，在这样的高陡坡面上进行浇水、施肥、养护都是较困难的。因此建立节水微灌系统对于前期养护是十分必要的。

根据施工场地，通过设计计算，在山顶或山脚足够大的空间处设置一蓄水池供养护使用，修建养护高扬程泵房，安装离心式高压、高扬程水泵，动力系统可由相匹配的柴油机解决；为满足养护要求，种植槽内横向管采用钻孔滴灌的方式，保证种植槽内种植土有充足水分；主管根据种植槽的层数进行编组，由左向右分组排列并且每层种植槽内顺主管方向管径由大变小，保证规定距离内的有效水压，以免影响滴灌效果。种植槽内侧栽种一排上爬植物，外侧栽种一排下垂植物，通过其上爬下挂功能达到坡面绿化效果，规格为株高 1 m，种植比例 1∶1，株间距 0.5 m，中间区域栽植适生的亚乔木或灌木，株高控制在 1.5 m，株间距 1 m，并进行固定，防止苗木倾倒，栽植后成活率应满足相关规范要求。在种植槽内其余地方播撒草种和花种，垂直运输苗木时，必须注意轻装轻卸，提高苗木的成活率。

飘台种植槽绿化技术对于保持边坡水土、实现较快速和持久的生态恢复做出了贡献。由于飘台种植槽的横截面积较小，土壤体积较小，基质的优化配置十分重要，要确保基质保水、保肥、透气、长效。另外，灌草藤本植物的合理优化配置对复绿效果也很重要。

3. 飘台种植槽施工

飘台种植槽绿化技术主要由清理坡面、搭设排栅（脚手架）、种植槽施工（锚固布设钢筋、浇筑种植槽混凝土、回填基质等）、喷灌系统、栽种植物、养护管理等项目组成。飘台种植槽施工流程如图 4.3 所示。

4 边坡的危害及岩质边坡典型生态修复技术

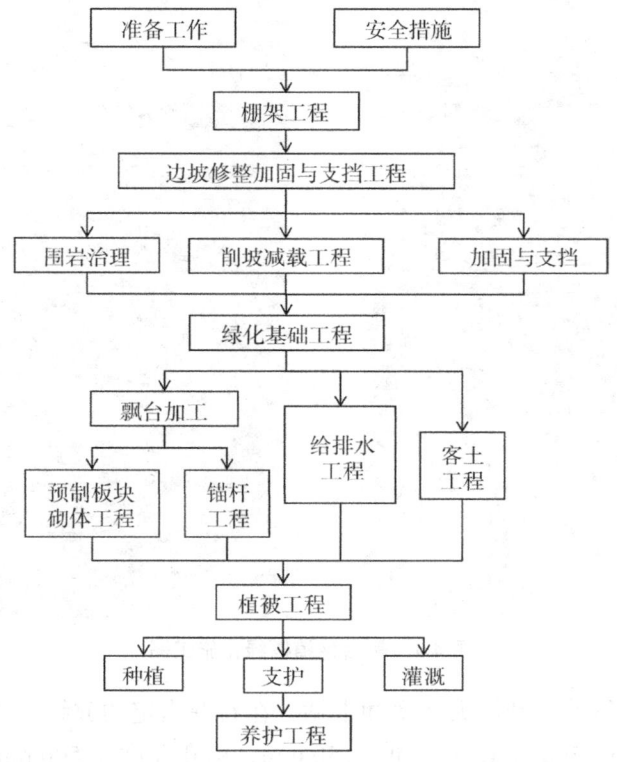

图 4.3　飘台种植槽施工流程

（1）清理坡面：采用风镐、钢钎等工具清除坡面碎石、浮石、危岩等，消除安全隐患，并清理杂物，对坡面转角及棱角处进行修整，要求达到坡面基本平整。

（2）搭设排栅：搭设高陡边坡脚手架。高陡边坡脚手架的搭设区别于其他建、构筑物脚手架的搭设，它的主要特点是根据山体坡面的起伏变化与山体保持一定的距离（适合于种植槽制作），同时采用锚固、斜拉等方法防止排栅上下弹跳影响正常施工。由于边坡高陡，保证安全十分重要，为此采取搭设脚手架等安全措施是十分必要的。搭设脚手架要执行《建筑施工扣件式钢管脚手架安全技术规范》（JGJ 130—2011）或《建筑施工门式钢管脚手架安全技术标准》（JGJ/T 128—2019）等有关要求。飘台种植槽绿化施工图，如图 4.4 所示。

图 4.4　飘台种植槽绿化施工图

（3）锚固布设钢筋：利用大功率冲击钻，在石壁指定的放线位置按照 45° 的角度钻孔，锚孔间距为 200～500 mm，偏差值 ±50 mm，锚孔深度 ≥ 500 mm（根据地勘基岩层深度设定），偏差值 ±20 mm；将 $Φ22$ mm 热轧带肋钢筋（锚杆的指标取决于边坡稳定性要求）插入孔内 500 mm 深，钢筋长度为 120 cm（根据种植槽的高度设定锚杆外露具体长度），用 1∶2 水泥砂浆灌注固定。在其上横向布设 $Φ14$ mm（根据具体设计选用）的分布钢筋，交叉点用绑扎丝进行固定，共设置 3 根横向分布钢筋。种植槽上下间距要适中（常规为 2 m，特殊项目可以适当调整，但是不宜过大，避免后期效果不理想）。

（4）浇筑种植槽混凝土：按照种植槽的设计尺寸支设模板，并将其固定，模板采用厚度大于 2 mm 的钢板或厚度大于 10 mm 的竹胶板，采用铁线绑接固定。混凝土配制利用混凝土搅拌机拌制均匀，搅拌配制好的混凝土装入建筑专用料桶，放置在卷扬机吊篮里，利用坡面提升缆车运送到相应作业位置进行浇筑，混凝土浇筑应连续进行。同时，预先设定泄水孔，泄水孔布置在锚板的内下侧，起到将槽内种植土内积水排出通道的作用。泄水孔通常按等间距布置，规格需要根据当地降雨量及降水强度等进行综合考虑。

（5）回填基质：从人工土壤的性质和分类、人工土壤配制与改良的三要素（提高土壤的通气性、提高土壤的保水性、提高土壤的保肥性）角度，有效地结合项目当地种植土的具体情况确定既有一定营养又能节约成本的种植基质优化配制方案。种植槽内铺设的种植基质一般由以下质量百分数的原料制备而成：轻质陶粒 5%～10%、稻壳 5%～10%、腐殖酸 2%～5%、污泥沼渣 30%～40%、生物炭 5%～10%、土壤 30%～35%、聚丙烯酰胺 1%～3%、高炉渣 2%～7%。蓄水孔内灌入保水剂，保水剂为轻质陶粒和吸水树脂的混合物，轻质陶粒和吸水树脂的体积比为 2∶1，轻质陶粒直径为 1～3 mm。将配制好的基质经充分搅拌后，采用吊车或喷播设备等运送并充填到种植槽内，直至与槽板齐平。

（6）喷灌系统：主要包括飘台种植槽绿化的浇水、施肥、养护技术。节水微灌系统由泵站、水池、过滤器、给水主管、支管、滴灌、滴头、控制系统组成，应结合坡面微地形因地制宜地设计节水微灌系统。对于较高的坡面应采用多级泵站将水运输到坡顶蓄水池。节水微灌系统不仅可以实现节水微灌，还可以通过按比例添加水溶性肥料或生长调节剂实现施肥或生长调节控制。此外，也可以采用远程物联网控制系统实现节水微灌和施肥的自动控制。

（7）栽种植物：按照乔、灌、藤（根据项目需求可以适当种植一些草本和花卉植物，体现前期绿化效果）规定的挖穴规格挖好种植穴，浇入足够的定根水，渗透土壤；将装有营养土的袋苗放入种植穴中，撕破营养袋，用土填平种植穴并用脚轻压苗木周围的松土，防止苗木倾倒；垂直运输苗木时，必须注意轻装轻卸，提高苗木的存活率。

（8）养护管理：种植槽内植物种植完成后，设置滴灌设施，尽量降低管护人员的安全风险；管护人员在飘台种植槽上行走或作业时，必须采取必要的安全措施；可按照"水肥一体化"的技术方式进行后期滴灌养护；植物成活后，养护期一般为2年。

养护种植槽内的植物养护分特别养护和一般养护两个阶段。植物苗木栽种后，工程将进入特别养护期。特别养护期的主要任务为浇水、剪枝，保证栽种的苗木能够成活，及时检查观测每种植物的成活情况，对于成活率低的苗木进行适时补种。在浇水时应避开每天中午的高温时间，早晚分组浇水，保证苗木的有效存活率。一般养护是在工程交工验收后开始进行，养护的工作内容为浇水、施肥、病虫害防治，以及补栽补种适宜的苗木。一般养护期结束后的边坡将进入自然植被的演替期，并逐渐趋近于免养护的自然景观。

4. 飘台种植槽绿化技术的应用情况

飘台种植槽绿化技术已在河北省多个采石场成功应用，对于保持边坡水土、实现较快速和持久的生态恢复具有重要意义，取得了较显著的经济效益、社会效益和生态效益。实践证明，飘台种植槽绿化技术是适用面较广、较理想的水土保持护坡技术，给合理开发、利用边坡及迹地资源创造了条件。下面就唐山市滦州椅子山石矿迹地飘台种植槽绿化修复进行简单介绍。

唐山市滦州市椅子山石矿迹地修复区试验区南邻京沈高速，属必须治理的区域，为历史遗留的责任主体灭失无主矿山，周边经济相对发达，交通便利，基础配套设施相对齐全。

该修复区的治理修复由河北省地质矿产勘查开发局第二地质大队负责，在采后高陡岩壁（60°以上）实施了飘台治理工程，利用飘台蓄土种植柏树及爬山虎，利用爬山虎攀爬能力强这一特点"内攀外挂"布置，使飘台和飘台之间的爬山虎快速搭接，实现了整体快速复绿。

+104 m平台中部陡坡采用飘台治理方法，首先采用人工清理边坡上的大块浮石。废石可用于砌筑挡土墙或回填采坑。之后，在边坡上打设岩层锚杆及拉筋，侧面及底面挡板浇筑混凝土。飘台底宽0.6 m，顶宽1.2 m，高度为1.2 m，飘台总长度为125 m。锚杆采用$\varPhi$20 mm螺纹钢筋，长度为2.25 m，入岩深度为1.5 m，混凝土强度等级C30，挡板内侧覆土，覆土厚度约1 m，平台内栽植柏树，株间距为1.5 m，共计栽植80株。飘台内侧平台坡脚及外侧坡顶处栽植爬山虎，株间距为0.1 m，共计栽植2 400株。

近年来，滦州市按照不同地形地貌，将椅子山矿区划分为14个治理区域，探索研究出爬藤绿化、飘台绿化、客土混喷、台阶乔冠、生态袋、覆土绿化等矿山治理技术，经过治理，椅子山矿区复垦良田20多亩，环境得到改善。

4.2.2 高次团粒喷播绿化技术

高次团粒喷播绿化技术以岩质和土质边坡、瘠薄山地、酸碱性土壤、裸露坡面、海岸堤坝等为主要施工对象，使用富含有机质和黏粒的客土材料，在喷播瞬间与团粒剂混合发生团粒反应，形成与自然界表土具有相同团粒结构的土壤培养基，由于喷播后会发生疏水反应，所以黏结力极强的土壤培养基会牢固地吸附于坡面上，能抵抗雨蚀和风蚀，防止水土流失，高次团粒喷播绿化效果如图4.5所示。

图 4.5 高次团粒喷播绿化效果

1. 高次团粒喷播绿化技术的特点

（1）应用范围广泛。高次团粒喷播绿化技术能够针对各种岩石、硬质土、沙质土、贫瘠地、酸性土壤、干旱地带、海岸堤坝等绿化较为困难的地方，采用特殊的材料和喷播机械，培育出理想的木本植物群落系统；能够较快地改善生态景观，一般半年内就能取得良好的绿化效果，2～3年内达到稳定效果，稳定后不需要人工养护和干预，自身可以保持植物的自然演替功能，使之形成与周围环境相协调的绿色景观。

（2）喷播形成的土壤培养基具有理想的团粒结构。这种结构既有保水性，又有透气性，适宜植物生长，能有效抵御雨蚀和风蚀，同时形成的稳定的植物根系能牢牢地固持土壤，保护边坡上的生长基质，防止边坡水土流失。此外，这种结构还可以达到恢复生态环境、绿化景观等综合效果。

（3）施工材料环保。材料可以自然降解且不需要施肥撒药，与厚层基材喷射植被护坡技术、人工植生槽、人工植生袋、喷混植生等边坡修复技术相比，具有施工周期短、养护管理工作量小等特点。

（4）遵照生态位原理，追求自然的、物种丰富的绿色生态环境。要求灌草立体配置、实现物种多样化，注重"植物群落"的概念。目前，国内很多边坡防护及绿化方法选用的是外来的先锋物种，品种单一，由此造成的后果是种群结构不合理、易退化。从恢复生态学角度，以科学发展的眼光来看，裸露山体植被生态修复必须考虑植物个体与种群之间的关系，既要迅速达到绿色效果，又要持久不衰，保持生物多样性，构成稳定的、多物种的立体植被结构。高次团粒喷播绿化技术采取乔、灌、草相结合的方式进行绿化，使之尽量符合当地的植物群落结构，并实现本土化。

2. 高次团粒喷播绿化技术的施工工艺

高次团粒喷播绿化技术的施工工艺主要包括前期基质拌和、清理坡体、上网固定、运用种植土掺加有机质、添加保湿剂和黏合剂等化学材料、运用喷播机高压手段喷至山体及后期养护等工艺。高次团粒喷播绿化技术采用专门的喷播设备进行喷播施工，最终在喷播施工区域内形成植物群落。

（1）坡面整形。采用机械和人工清除坡体表面危石、松石、浮石及杂物，清除坡体表面有碍于人造土壤附着坡面的植物浮根、杂草及垃圾。坡体表面尽量保持原有形态，坡面起伏控制在 20 cm 以内。对位于凸起岩体下方的基岩面不允许有倒倾或垂直坡面。

（2）铺网、钉网。铺网：选取的金属网为网孔 5 cm×5 cm 的过塑镀锌菱形铁丝网，长度根据需要而定。铺设时自上而下，坡顶延伸 ≥ 50 cm，坡顶处用主锚钉固定后采用 C25 混凝土压顶，上下及左右采用平行对接，对接处用 18# 铁丝绑扎牢固，两片网之间搭接宽度 ≥ 10 cm，即至少两个网孔的距离，在锚钉与网片接触处也一并用 18# 铁丝绑扎牢固。网片距坡面保持 5～8 cm 的距离，用垫块支撑。

钉网：对于土质坡面，因其松软，所以钉网的锚固件采用长度为 50 cm 的木桩，坡面每平方米 ≥ 3 根木桩。对于裸露岩质边坡坡面，锚固件采用铁质锚钉，分为主、次锚钉，锚钉均为 $\Phi16$ mm 钢筋，钉前对其进行防锈处理，水泥浆锚固，锚钉入坡深度根据边坡地质情况确定，要保证锚钉不但本身牢固，而且能使网片及喷射后的基材局部稳定。坡面整形（危石、松石、杂物等），喷播（分两次进行），盖无纺布养护管理挂网、钉网（$\Phi2$ mm 过塑镀锌菱形铁丝网）2 m，副锚钉长 1.5 m，外露段长度为 0.2～0.3 m，每平方米 ≥ 4 个锚钉，主副锚钉相间布设。孔偏差 ≤ 5 cm，外露段锚钉向坡体上方弯折。坡体顶部为加强稳定，按间距 0.8 m×0.8 m、长 2 m 进行两排加密处理。

（3）喷射基质及种子。前期工序完成后，即可进行喷射。将高次团粒喷播原材料，即黏土、有机质添加料、复合纤维料、土壤稳定剂、团粒剂、植物种子等混拌过筛，经人工传送到高次团粒喷播机，再经喷播机加压喷射到坡面上。喷射分两次进行，首先喷射不含种子的混合料；其次在种子中加入泥炭土、腐殖土、黏结剂、纤维、缓释复合肥、保水剂搅拌均匀后，喷射在混合土层上，最终喷射混合材料平均厚度 ≥ 15 cm。

（4）无纺布覆盖。喷播植物种子后表面采用无纺布覆盖，以防止雨水冲刷、水分蒸发，保护幼苗。

（5）养护管理。养护管理期为竣工后 2 年。施工完成初期应注重浇水，原则上每周浇水 1～2 次，视当地降雨量情况而定；做好病虫害防治工作，病虫害防治要本着"早预防、早发现、早治疗"的原则。

3. 高次团粒喷播绿化技术的应用情况

高次团粒喷播绿化技术对岩石、硬质土、沙质土、贫瘠地、酸性土壤、干旱地带、海岸堤坝等绿化较为困难的地方效果显著，能有效延缓水土流失，对裸露坡面的绿化效果明显，可以有效恢复生态平衡；此外，它还具有较强的固土护坡效果，可以净化周边空气，美化整体环境。从河北省多个矿区的使用情况看，该技术都取得了较好的效果，下面就唐山市丰润区东山秀清矿区高次团粒喷播绿化技术的使用情况进行简单介绍。

东山秀清矿区位于唐山市丰润区东杨家营村东北约 1.6 km 处，行政区划隶属于唐山市丰润区刘家营乡。治理区西约 3 km 处有丰董公路通过，南约 5 km 有京秦铁路和 102 国道并行通过，治理区与之有乡间公路相通，交通十分便利。

东山秀清矿区开采方式为山坡式露天开采，主要以凿岩爆破为主，采用汽车运输，开采矿种为建筑用白云岩矿。矿山经多年开采，已形成 3 个大采坑，采坑底部为工业广场，采坑平台和工业广场植被覆盖较少。

根据治理区地质环境破坏现状及现场实际情况，按照因地制宜的原则，根据东山秀清采石厂治理区域不同的土地类型，采取不同的治理方法。经前期围挡警示、边坡治理、砌筑工程后，东山秀清矿山岩质边坡采用高次团粒喷播绿化技术对 115 亩工矿用地开展复垦，经后期养护，取得了良好的复绿效果，如图 4.6～图 4.8 所示。本次治理不但改变了治理区脏、乱、差的落后面貌，缓解了地方政府、矿山企业与当地居民的关系，而且削整后产生的毛石还可作为残余资源进行二次利用，为矿区治理节省了资金。

图 4.6 东山秀清矿山迹地环境治理现场

图 4.7 东山秀清矿区高次团粒喷播效果（局部）

图 4.8 东山秀清矿区高次团粒喷播效果

高次团粒喷播绿化技术在应用过程中要注意喷播后的坡面上不得覆盖遮荫网等遮挡材料，以利于植物群落的生长。喷射应分段自下而上进行，先凹面后凸面，按坡形条件进行施工。物料随拌随喷，投料应连续均匀。

为了后期达到较好的美化环境的效果，降雨后在坡面上应采取相应措施，防止基质被雨水冲刷流失。高次团粒喷播绿化技术的应用使得裸露坡面植被能够快速融入周边生长环境，产生良好的经济效益和社会效益，达到人与自然的协调统一。

4.2.3 种植孔绿化技术

种植孔绿化技术就是利用钻孔技术在高陡裸露边坡上钻出许多具有一定孔径、深度、方向的种植孔，在孔内种（栽）植耐瘠薄、抗干旱、耐严寒的植物，使坡面迅速恢复植被的一种边坡生态治理技术，解决了高陡边坡绿化难的问题，为山体立面绿化开辟了新的途径，图 4.9 为三友矿山种植孔绿化边坡效果。

图 4.9　三友矿山种植孔绿化边坡效果

1. 种植孔绿化技术的特点、经济环境效益和注意事项

（1）种植孔绿化技术的特点如下。

①成本低。种植孔工艺种植的苗木规格小，比垒砌树坑种植大乔木的造价小很多。种植孔对种植土的需要量微乎其微。

②环保。种植孔作业比较细致，工作量小，施工进度快，工作设备占地面积小，并且操作时远离植被，不会对现有植被造成破坏。钻孔后的原有崖面几乎不变，不会造成塌方。因此，对整个环境几乎没有负面影响。

③社会效益高。种植孔绿化的整个施工过程都是围绕着立面展开的，目的就是利用小乔木或灌木遮挡崖体立面，不涉及断崖立面以外的土地，因此几乎不占用平面土地。

④绿化见效快。

（2）种植孔绿化技术的经济环境效益。种植孔绿化不但解决了高陡岩质边坡绿化难的问题，而且具有一定的经济环境效益。

①种植孔施工只在坡面进行，不需要进行大量削坡，基本不会破坏原有植被。

②施工时不会产生化学污染，属于环保型施工方法。种植孔作业不需要炸药，不会产生化学污染；工作量小，施工进度快，工作设备占地面积小。钻孔后的原有崖面几乎不变，不会引发地质灾害。因此，对整个环境几乎没有负面影响。

③可操作性强，工程量小。

（3）种植孔绿化技术的注意事项如下。

①种植孔设计前需要了解边坡岩石性质、风化程度、裂隙发育情况，还应了解边坡地质灾害发育程度及危险性。

②要根据施工难度和选择的植物类型决定孔径大小。

③施工中应严格控制种植孔的方向。

④对于营养土的要求较高，需要有较好的保水和聚水性能的营养土配比及工艺。

⑤对于后期养护的要求较高。

2. 种植孔绿化技术的要素

（1）孔径。种植孔大小主要取决于植物的根系特点、施工工艺和施工成本。原则上孔径较大为好，但会加大施工难度，不易操作，同时会加大边坡生态修复成本。一般采用直径为 230 mm 的钻机，与垂直方向呈 10°~20° 夹角进行钻孔。

（2）深度。主要取决于岩石边坡的风化程度及裂隙发育程度，若边坡为强风化岩质，孔深一般不小于 120 cm。若岩石裂隙较发育，设计孔深 150 cm 即可；若岩石裂隙不甚发育，为保证种植孔透水透气，需揭露更多岩石裂隙，要适当深一些。

（3）方向。种植孔的方向决定了植物的生长姿态，植物可直接利用的有效体积及孔内盛接自然降水、人工浇水的体积。因此，综合考虑各项因素，种植孔的方向与坡面夹角以 10°~45° 为宜，如图 4.10 所示。

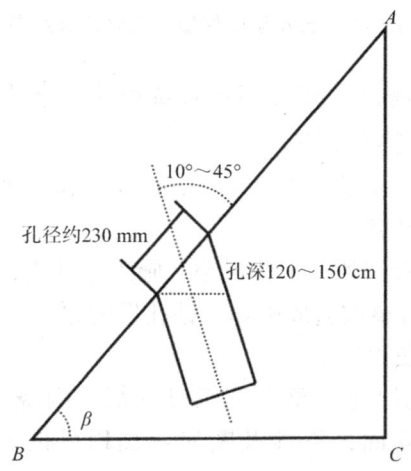

图 4.10　种植孔钻孔设计示意图

为保证施工的安全性，应先清除局部高陡边坡危岩体及松动岩石，确保坡面没有松动的危石，无大的突出石块与其他杂物存在。为保证植物在坡面上可利用的有效面积最大化，可分上、中、下 3 层在边坡坡面上进行钻孔，行距和孔距设计为 1.5 m×2 m，呈梅花形布置，种植孔直径为 280 mm。

（4）种植基质的配比。由于种植孔较深，为确保孔底透气，可铺设孔底储水仓的防水板，填入级配碎石后覆盖滤水无纺布。在种植孔的中下段选择粒径为 2~3 mm 的渣石，并捣实。中上部土壤选择配制好的基土（富含有机质且有良好的团粒结构的营养土，包括壤土、有机质、复合肥、保水剂、土壤调理剂、生物有机肥)。种植孔内营养基质最佳配比，如表 4.1 所示，这种基质更利于植物的成活与生长。

表 4.1 种植孔内营养基质最佳配比

基 质	质量百分比（质量）
土壤种植壤土	88.20%（12.348 kg）
有机质长效有机肥	11.20%（1.568 kg）
长效复合肥	0.50%（0.070 kg）
保水剂 PR3005	0.05%（0.007 kg）
高分子吸水树脂（SAP）吸水王	0.05%（0.007 kg）
合计	100%（14 kg）

(5) 苗木选择、培育及栽植。选择耐干旱、耐瘠薄、耐盐碱，对土壤要求不高，在酸性土、中性土及轻盐碱土中均能生长的灌木和亚乔木等植物；钻孔中分层填入配制好的沙性壤土后再种植土钵培育的苗木，或者将聚氯乙烯（PVC）半管中培育好的苗木用网兜连带土体放入孔中，干壤土填充缝隙密实；在苗木根部铺设无纺布，表面为 3 cm 陶粒粗砂保墒层。

(6) 水肥气供给及养护管理。

引气设置：沿钻孔孔壁上下缘预置装填陶粒的 PVC 花管的引水通道；钻孔左右两侧的孔壁预置并固定换气防涝花管。

集水装置：孔口设置高密度聚乙烯（HDPE）复合材料集水板，固定后内外涂抹水泥浆，防止日晒老化；按照坡面水流情况，在孔口上方两侧设置两道引水条带，水泥砂浆抹面封闭密实；根据坡面实际情况布设养护喷灌管线，个别孔位可设置滴灌。

浇水：苗木种植后必须及时浇足透水，最好用喷灌机进行逐孔淋喷或自动雾状喷灌，切不可大水猛灌。以后根据实际墒情适当浇水，每次浇水应浇透。冬季的"封冻水"和早春的"春融水"必不可少。

施肥：一般根据植物的生长情况结合浇水进行施肥，雾状喷灌水中可加一定比例的液态肥料进行浇水施肥，下半年可酌情加大肥料的比例，促进植物木质强壮，顺利越冬。

大孔植藤绿化，在陡坡坡面上钻凿直径为 280 mm、深 120~150 cm 的钻孔，在孔中填入配制好的营养基后，每孔种植 3~5 株爬藤类植物，并人为干预爬藤覆盖。该法适用于硬土质或风化程度较高的石质边坡，坡度范围为 60°~80°。

小孔植藤绿化，在陡坡坡面上钻凿直径为 35 mm、深 40 cm 的钻孔，在孔中填入营养基，每孔种植 3~5 粒催芽后的藤本种子，并人为干预后期的爬藤覆盖。该法适用于较硬的石质边坡，坡度范围为 70°~90°。

3. 种植孔绿化技术的应用情况

目前，种植孔绿化技术已经在矿山等工程建设形成的高陡边坡的绿化中广泛应用。在高陡岩质边坡上应用需满足一定的条件：①设计前应保证边坡稳定性较好，若边坡稳定性较差，施工前应首先消除地质灾害隐患；②为保证孔内透水透气，边坡内部岩石需有一定的裂隙发育；③种植孔有一定深度，确保能够和深部岩石裂隙贯通。种植孔绿化技术在河北省承德、唐山等地区的矿山中都得到了推广应用，取得了良好的效果，现就承德京城矿业集团有限公司开展的矿区种植孔绿化技术的使用情况进行简单介绍。

承德京城矿业集团有限公司位于承德市宽城满族自治县碾子峪镇孤山子村，主要经营范围包括：铁矿采选，铁矿石、金、银及其制品销售，铁精粉销售。从2003年开始，公司每年都投入大量资金进行绿色矿山建设，集团投资 3.287×10^7 元建设矿山环境综合治理项目，对现有各矿区、采区的原料场、精粉场进行棚化、封闭，对厂区及道路进行绿化，建设洗车池、沉淀池等，以减少无组织粉尘的产生。

主要绿化措施包括：对边坡、破碎场地、矿山运输专用道路等进行覆土绿化；在各厂区及办公区域修建挡土墙、花墙等；栽植柳树、杨树、元宝枫等绿化树，以及核桃、板栗等经济作物。承德京城矿业集团有限公司最成功的复绿工程案例就是石质高边坡绿化工作。石质高边坡因石多土少、地形陡峭，几次治理、几经失败。后来，通过咨询专家、自己摸索，公司开始尝试在石质边坡上打眼种树。经过反复试验，公司终于发现了更能保证植物成活的孔洞尺寸。裸露的边坡逐渐被绿色覆盖，如图4.11所示。

图 4.11 采后岩壁钻孔绿化

4.2.4 植生袋绿化技术

植生袋为护堤、护坡堆垒型草坪建植材料，其主要适用于护堤、护坡、防止水土流失、绿化坡段、边坡生态治理、高速公路两侧45°以上坡段国土绿化等建植场地。植生袋是工厂采用自动化的机械设备事先将护坡草种准确均匀地分布并定植在营养带基上，再用塑料编织好的护网一体加工成 60 cm × 40 cm 规格（标准绿化有效面积）的袋子。将植生袋充填土壤封口后堆积在建植场地，浇透水后按照正常护坡草坪养护管理方式进行养护。

1. 堆码植生袋

（1）清理边坡。植生袋绿化工艺对坡面条件要求较高，需要人工清除表面松散石块及坡面杂物，包括突出的岩石，确保坡面基本平整。清除落石隐患，对坡面转角处及坡顶棱角进行修整，使之呈弧形。首先采用挖掘机清理边坡，其次人工找平，超过挖掘机臂高的边坡采用人工铁锹清理，将清理的碎石就近消化，铺平或垫于洼处，并将粗粒铺于底部，植生袋绿化设计图如图4.12所示。

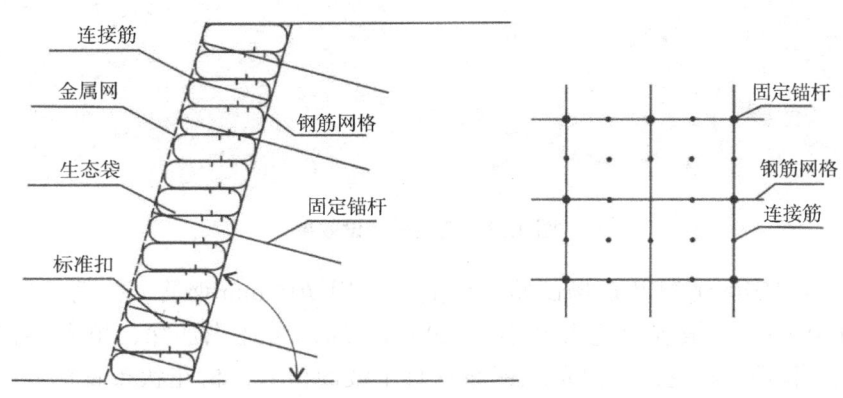

图4.12 植生袋绿化设计图

（2）压坡平整坡脚。

压坡：坡顶废石下推并使废石反压于坡脚，用废石压坡并对低洼处进行平整，压坡时利用坡面上部碎石使坡面稳定，坡角变小，坡面废石用挖掘机下勾，保证坡面角不超过35°。废石渣优先堆积到凹陷坑，块径较大的废石铺于底部，块径较小的碎石渣垫于上层，平整时要逐层夯实，每0.5 m高用履带式推土机推平并碾压3次。

挡土墙：根据《有色金属矿山排土场设计标准》（GB 50421—2018），距干线公路安全距离要大于边坡高度的1.5倍，要在坡脚修建挡土墙，挡土墙既保证了安全又可以规整坡脚底部，与上部边坡连成一体，码放规整，起到美化作用。挡土墙根据坡脚地形线修建，设计挡土墙高1.5 m，基础底宽1 m，顶宽0.5 m，埋深0.5 m。在挡土墙地面以上10~15 cm处设置一排泄水孔。泄水孔采用10 cm×10 cm的方孔或圆孔，孔间距2~3 m，排水孔倾角为6°。为避免地基不均匀沉降引起墙身开裂，需按墙高和地基性质的变异设置沉降缝。同时，为了避免砌体因收缩硬化和温度变化而产生裂缝，需设置伸缩缝。挡土墙的沉降缝和伸缩缝设置在一起，每隔10~15 m设置一道，缝宽2~3 cm，自墙顶做至基底，缝内宜用沥青麻絮、沥青竹绒或涂以沥青的木板等具有弹性的材料，沿墙的内、外、顶三侧填塞，填塞深度不小于15 cm。修建挡土墙的石料必须经过挑选，质地均匀，无裂缝，不易风化。石料的抗压强度应不低于30 MPa。尽量采用较大的石料砌筑，块石应大致方正，其厚度不小于15 cm，宽度和长度为厚度的1.5~2倍和1.5~3倍。采用10号砂浆砌筑勾缝。

（3）坡面美化、绿化工程。坡面采用植生袋工艺绿化，在30°左右的坡面上铺设植生袋，效果如图 4.13 所示，需要先对废石块径不均匀的坡面进行边坡清理再进行下列操作。

图 4.13　植生袋铺设效果

植筋：根据实际情况及现场试验，植筋宜采用 Φ16 mm 钢筋，植筋长度为 150 cm，植入深度 120 cm，每根抗剪能力最小为 0.9 kN，局部可适当加深，植入后在高出坡面 30 cm 处切断钢筋，避免钢材浪费。钢筋垂直于坡面植入，梅花状布置植入点，行间距 2 m×2 m，植筋后在坡面上铺设植生袋。

铺垫碎石：用碎石顺山体找平，平均厚度为 15 cm，便于坡面排水和码放植生袋，碎石铺垫后坡面碎石间空隙不得超过 10 cm，凹凸高度不得大于 5 cm，坡面密实度达到 90%。

植生袋绿化：将装有山皮土、耕植土肥料的植生袋横向平铺于坡面上，由坡脚挡土墙处开始向上交错排列，坡顶棱角处纵向叠压两层，保证植生袋稳定，草袋与草袋间要完全接触，不得留有空隙，与坡面要完全接触，不允许搭接在其他草袋上，坡底每隔 5 m 放置一排水槽。植生袋采用规格为 60 cm×40 cm 自带草籽的园林绿化专用袋，选用与植生袋工艺配套的排水槽。植生袋装土后厚度为 20～25 cm，绿化土配比为 5 份种植土、2 份河沙、3 份泥炭土及少量复合肥、保水剂。

罩网：在植生袋表面铺一层铁丝网，铁丝网用 Φ2 mm 镀锌钢筋绑扎成间距为 500 mm 的方格网，紧贴植生袋并与植入的钢筋焊接。铁丝网搭接处重合叠压宽度不得小于 30 cm。

点播萱草：植生袋码放好，铁丝网罩好后在坡面点播萱草种子，选用红色和黄色的萱草种子，使景观颜色不再单一，提高美化质量。在可视的坡面水平方向点播，每隔 4 m 宽点播 1 m 宽的萱草种子，红黄颜色交替点播。点播萱草面积占坡面面积的 20%。

2. 吊挂植生袋

吊挂植生袋，长条形袋填充植生土后挂靠边坡，沿坡面自然垂下，用锚杆固定。该法适用于各种稳定的土质边坡或岩质边坡，坡度范围为 45°～90°，如图 4.14 所示。

图 4.14 吊挂植生袋绿化施工图

优点：适用范围广，施工技术简单，成本较低，可快速实现绿化效果。

缺点：后期需要大量的水和人工进行养护。

3. 植生袋绿化技术的应用情况

作为一种生态合成材料，植生袋具有造价低、施工方便、能够适应恶劣立地条件的优势。此外，它还具有抗紫外线、耐酸碱、抗腐蚀、抗冻的特点，同时植生袋绿化成坪速度快，具有避免灌溉或被大雨冲刷种子的优点。因此，植生袋在边坡绿化工程中得到了越来越广泛的运用。河北省不同地区的矿山根据自身特点也开展了广泛的应用，现就唐山市滦州椅子山石矿植生袋绿化技术的使用情况进行简单介绍。

唐山市滦州椅子山石矿迹地修复区在 +104 m 平台西侧铺设植生袋，首先在坡面打设锚杆，之后沿坡面铺设植生袋，铺设面积为 132 m²。植生袋按自下沿坡向上方向铺设，第一排植生袋纵向铺设，第二排及以上按横向铺设并压实，最后一排植生袋按纵向铺设。每两层植生袋的铺设位置呈品字形。植生袋右侧区域靠近坡脚处栽植爬山虎，株间距 0.1 m，栽植长度为 41 m，共栽植 411 株。植生袋以刺槐、紫穗槐为主，结合花组合（波斯菊、格桑花混植）进行绿化，取得了显著的复绿效果，如图 4.15 所示。

图 4.15 椅子山缓坡铺设植生袋前后对比

4.2.5 绿植攀爬网绿化技术

1. 藤本植物

藤本植物大多数适应能力强，耐瘠薄，抗寒性和抗旱性较强，能够在贫瘠的土壤中扎根，繁殖能力较强，能够适应较为苛刻的环境。同时，藤本植物叶子发达，随之会产生一些草皮、苔藓等植物，形成一个良好的生态系统。此外，多数藤本植物种植前期并不需要将所需护坡的面积全部种植，只需要合理布置种植穴，上吊下爬，成活之后基本不需要人工养护就能够顺利成长，依靠发达的根系从较远的地方吸取养分快速生长，较快完成破损山体绿化，快速发挥生态防护功能。因此，藤本植物是生态恢复的优良植物材料，在边坡绿化、防沙治沙和水土保持方面具有显著成效。目前，藤本植物主要被应用于陡岩边坡、石漠化治理、垂直破损山体的生态治理。例如，爬山虎、中华常春藤等有发达的根系和特殊的吸盘，能紧紧地固定住土壤，起到很好的水土保持作用；扶芳藤、葛藤等有很强的适应性和抗逆性，不仅对土壤条件要求不高，而且繁殖方式多样，还具有生长快的特点，在不同的地域选择合适的种类能迅速地形成景观。葛藤绿化效果如图 4.16 所示，三友矿山葛藤攀爬复绿效果如图 4.17 所示。

图 4.16 葛藤绿化效果

图 4.17 三友矿山葛藤攀爬复绿效果

2. 绿色植物攀爬网

绿色植物攀爬网是一种新型边坡绿化土工材料,是一种帮助植物攀爬的绿色塑料网,绿化成本低且效果好,主要用于高速公路、岩石边坡和矿山绿化,如图4.18所示。

图4.18 攀爬网及施工

绿色植物攀爬网,又称植物爬藤网、绿色钢塑土工格栅、绿化挂网、爬坡网等,主要用于植物攀爬,其颜色与植物一致。

绿色植物攀爬网网孔分为 20 cm × 20 cm、17 cm × 17 cm 和 15 cm × 15 cm,也可按客户要求定做网孔大小,规格一般为 3 m × 50 m,幅宽能做到 6 m。

绿色植物攀爬网的特点如下。

(1)强度大、变形小。

(2)蠕变小。

(3)寿命长。钢塑以塑料材料为保护层,再辅以各种助剂使其具有抗氧化性能,可耐酸、碱、盐等恶劣环境的腐蚀。因此,可以满足各类工程100年以上的使用需求,并且性能优,尺寸稳定性好。

(4)施工方便快捷、周期短、成本低。钢塑攀爬网铺设、搭接、定位容易且平整,避免了重叠交叉,可有效缩短工程周期,能节约工程造价的10%～50%。

3. 绿植攀爬网绿化技术的应用效果

藤本植物根系发达、扩展性强,能够适应多种环境,在生态修复中能够发挥重要作用。在北方破损山体生态修复中,充分利用其吸附、缠绕、卷须和蔓生等特点,与攀爬网相互结合,因地制宜、合理配置,能够取得良好的效果。河北省多个矿区结合当地的基本生态环境,制订合理的修复计划,合理地利用当代修复技术,使山体得到了快速绿化,下面就唐山市玉田县后螺山绿植攀爬网绿化技术使用的情况进行简单介绍。

唐山市玉田县后螺山治理区位于城西北 12 km 处,归玉田县大安镇管辖。治理区西南侧 150 m 为 G102 国道,交通方便。治理区有简易公路与 G102 国道相连,大秦铁路从治理区北侧 4 km 处通过,交通条件较好,如图4.19所示。

图 4.19 后螺山矿区分布

后螺山治理区地形起伏变化较大，地形地貌较复杂。经过多年开采，形成多级台阶，开采顺序不规则，平台凹凸不平，边坡最大高差 32 m，坡度角为 45°～65°，开采边坡与岩层倾向为斜交；边坡基岩裸露，坡面存在部分浮石、危岩，节理裂隙较发育，岩石风化程度较严重，如图 4.20 所示。

图 4.20 后螺山矿区部分区域现状

后螺山治理区属于季风气候，春季干旱少雨，秋冬季干燥，雨季多集中在 7～8 月，该治理区附近无地表水体。水的来源主要为大气降水，现矿山开采最低标高 +35 m，高于当地侵蚀基准面。由于岩质边坡生态环境特殊，植物生长缓慢一直是制约植被快速复绿的难点问题，本次治理基于藤本植物可以利用较少的坡下土壤或坡顶土壤进行大面积坡面覆盖这一优点，在边坡使用攀爬网格，采用藤本植物快速覆盖的生态修复技术沿采场边坡坡脚及低矮边坡种植爬山虎，并进行成活期精心养护，有效提升了绿化效果如图 4.21 所示。

4.21 玉田后螺山爬山虎绿化效果

5 采矿迹地转型利用

矿产资源开发在河北省经济建设中起着十分重要的作用,但在矿产资源开发的同时也带来了严重的环境问题,形成了大量的采矿迹地。在倡导"双碳"目标(碳达峰与碳中和)、绿色低碳可持续发展、碳循环经济的时代背景下,以及践行"绿水青山就是金山银山"理念的新时代要求下,如何科学开发利用废弃矿山资源与促进资源枯竭矿区转型,成为河北省环境领域的重要议题。基于此,本章主要介绍河北省比较典型的采矿迹地生态农业复垦、采矿迹地景观建设和废弃矿山腾退建设用地3种模式,这对采矿迹地综合利用和生态环境保护具有一定的科学价值和实际意义。

5.1 采矿迹地生态农业复垦模式

生态农业复垦又称生态复垦或生态工程复垦,是指根据生态学和生态经济学原理,应用土地复垦技术和生态工程技术,对沉陷等采矿破坏的土地进行整治和利用。生态农业复垦是农、林、牧、渔、加工等多业联合复垦,并且是相互协调、相互促进、全面发展的,主要有以下特点:①针对现有土地复垦技术,按照生态学原理进行组合与装配;②利用生物共生关系,通过合理配置农业植物、动物、微生物进行立体种植、养殖业复垦;③依据能量多级利用与物质循环再生原理,循环利用生产中的农业废物,使农业有机废弃物资源化,增加产品输出;④充分利用现代科学技术,注重合理规划,以实现经济、社会和生态效益的统一。

5.1.1 发展生态农业复垦的意义

我国人多耕地少,人均耕地面积不足世界人均耕地面积的40%,将采矿破坏的土地恢复成耕地或其他农用地是土地复垦的重要任务,也是我国土地复垦的基本政策。但国内外经验表明,在复垦土地上发展常规农业不仅会使土地生产力恢复得慢,还会带来一系列问题:①常规农业能量消耗高,能量投入的边际效益低,农田的产出与投入比下降,农业生产成本高、效益低;②施用大量化肥和农药,会给土壤、水体、农产品带来污染;③常规农业在动物、植物品种上的单一和结构上的单调,会加重病虫害和杂草的危害。

在采矿破坏土地的复垦利用过程中,建立和发展生态、经济良性循环,协调发展的现代集约型农业,即生态农业复垦,不仅能整治采矿破坏的土地,恢复、改善该区域的生态环境,还有利于提高农业生产的综合效益,促进农业长期稳定发展。生态农业复垦能快速、明显地恢复和提高土地生产力、劳动生产率与土地利用率,进而提高经济效益。生态农业复垦能充分合理地利用、保护自然资源,加速物质循环再生和能量多级利用,因而有着显著的生态效益。生态农业复垦有利于开发农村人力资源,为农村剩余劳动力广开就业门路;它还能为社会创造数量多、质量好、多种多样的农产品,满足人们对农产品的不断增长的需要,具有显著的社会效益。同时,生态农业也是实现中国特色农业现代化的根本途径。因此,发展生态农业复垦具有重要的现实和历史意义。

5.1.2 生态农业复垦的基本程序

矿山开采破坏土地生态农业复垦的基本程序,如图 5.1 所示。

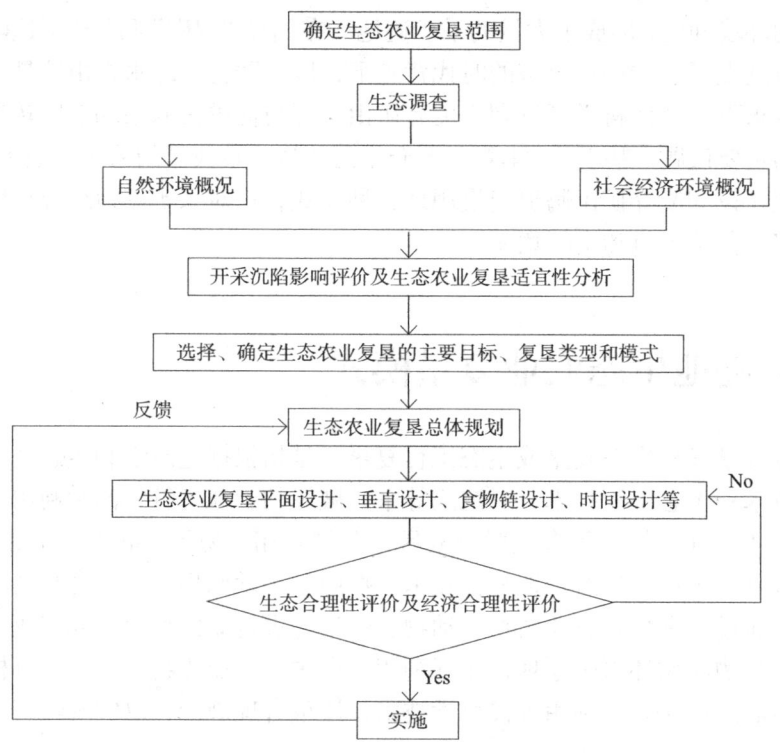

图 5.1 生态农业复垦的基本程序

(1) 调查收集复垦区土地破坏情况、自然条件、资源现状、生态环境状况、社会经济条件和农业生产现状等资料。

(2) 分析收集的基础资料,找出影响当地农业生产和经济发展的主要因素及发展生态农业复垦的有利条件和优势。

(3) 根据矿山开采规划和地质采矿条件进行土地破坏预测,对发展生态农业复垦的适宜性进行分析和评价。

(4) 选择、确定生态农业复垦的主要目标、复垦类型、模式和重点要解决的问题。

(5) 进行生态农业复垦的总体规划及生态农业复垦的平面设计、垂直设计、食物链设计、时间设计和复垦工程设计等并进行优化。

(6) 对优化的设计进行生态合理性及经济合理性评价。

(7) 组织土地复垦工程施工及生态农业建设,并在建设过程中不断调整和充实生态农业复垦设计内容。

（8）验收、总结完善和推广。

5.1.3 生态农业复垦的应用效果

1. 迁安市瑞阳生态农业概况

迁安市瑞阳生态农业大观园位于迁安市城北 25 km 处的五重安乡，是一家集矿山复垦、现代农业成果展示、农产品加工、特种养殖、旅游观光、百果采摘、休闲度假于一体的综合性农业产业化龙头企业。西与迁西相邻，北与青龙相接，占地面积 80 hm^2，规划总面积 23.8 hm^2，其中采矿迹地生态恢复区 13.3 hm^2，整个农业大观园呈南北走向，地势北高南低，海拔为 142~178 m。场地所在地西临城市主干道，交通便利，区位优势明显且山体地形变化多样，有着相对丰富的可利用资源。

迁安市瑞阳生态农业大观园的建设带动了山区农业经济发展方式的转变，探索出了一条矿山生态恢复治理与开发利用的新路。

2. 园区生态农业建设特点

（1）高起点规划。为了避免盲目建设，园区在建设之初就邀请知名专家到现场进行详细勘察和论证，最后对园区进行总体规划。同时，又聘请中社科（北京）城乡规划设计研究院对园区水景进行了进一步的详细规划，使发展方向、目标更加明确，建设更加科学合理。按照规划，园区由"五区一馆一中心"组成，即百果采摘区、特种养殖区、农产品加工区、民俗农事体验区、休闲垂钓区，现代农业馆和游客服务中心，从而把园区建成具有国内领先水平的集旅游观光、百果采摘、农产品加工销售等于一体的综合性生态农业产业化龙头企业，打造成特色农产品生产加工及展示销售基地、现代农业科技示范带动基地、工矿废弃地生态恢复基地，以及现代农业观光、旅游、休闲基地。

（2）以科技为引领。对排土场的治理，园区没有采用常规的降坡、绿化模式，而是在农牧局、国土资源局等市直有关部门的支持帮助下与河北省农林科学院和河北省科学技术厅合作成立了采矿区生态修复技术研发中心，在排土场实施了河北省矿区尾矿复合生态系统重建及新型产业培育技术创新与集成示范工程，将简单的土地复垦提升为有目的的生态恢复。将采矿废墟改造成梯田，栽植各种名优果树，建设百果采摘园，实现土地的经济价值；在边坡、沟坎地带栽植景观林，提高园区观赏性，将其打造成具有景观特色的艺术梯田。同时，引入土壤活化技术和基质栽培技术，加快土壤的风化，改善土壤结构，提高苗木成活率和生长发育速度。

在园区建设中，市直有关部门积极主动上门为园区解决发展中的技术难题，帮助园区与河北省农林科学院、河北农业大学、华北理工大学、中国农业科学院等单位建立密切的合作关系，并与河北科技师范学院签订全面合作协议。依托科研院所，园区先后引进了板栗、樱桃、高油花生、富硒谷子、宫廷皇鸡等十大类 100 多个优质农产品；引进了甘薯根茎分离、发光二极管（LED）太阳光源 2 项世界领先技术，可移动平式管道水培、漂浮栽培和特种甘薯加工等 20 多项国内领先的技术和专利，以及绿色养殖等 100 多项其他先进适用技术。

（3）产业化经营。园区通过走"公司＋基地＋农户"的产业化发展道路，发挥企业示范带动作用，建立种、养、加一条龙的产业化良性循环生态链。依托特种种植、特种养殖基地，以及年加工能力达万吨的营养食品生产、年加工能力 20 t 的甘薯全自动深加工、年生产能力 3 000 t 的食用油加工、果品深加工等生产线，带动周边群众共同参与产业化经营。园区牵头成立了果木种植专业合作社和养殖专业合作社，吸引了周边 300 多户农户入社。果木种植合作社还与周边农民签订特种种植合同，由果木种植专业合作社免费提供种子、化肥和技术指导，并按高于市场 15%～35% 的价格统一收购，辐射带动周边村种植绿色花生、甘薯、特色杂粮等作物；养殖专业合作社带动农户养殖梅花鹿、野猪、柴鸡等。园区还积极与各大超市对接拓宽销售渠道，目前，园区加工的农产品已成功打入天津、唐山、秦皇岛等 10 多个大中城市。

（4）循环式发展。园区始终把"循环"作为发展方向，在发展过程中不断延伸产业链。在园区内，种植基地生产的各种油料、杂粮全部供给农产品加工区；百果采摘区除供游人自由品尝、采摘外，所产各类干鲜果品也全部送到农产品加工区深加工。农产品加工区生产的干鲜果品、杂粮、花生油等十大类 30 个系列产品，都已通过了国家有机食品认证，取得绿色食品标识 11 个，深受消费者喜爱，并多次获省、市级"名优农产品"奖。特种养殖区产出的肉、蛋除部分外销外，主要用于餐厅自给自足；休闲垂钓区利用闭矿的矿坑与附近水库连成一体，形成叠状水面，放养十余种淡水鱼，供游客垂钓和餐饮食用；现代农业馆在展示现代农业科技的同时，所产果菜全部供应给生态餐厅；游客服务中心可以同时容纳 300 人就餐，100 人住宿、开会，餐饮所用肉菜蛋全部来自园区内。同时，园区内的大型沼气池，利用特种养殖区的畜禽粪便生产沼气，沼气用于现代农业馆冬季取暖、游客服务中心能源供应，沼液用作百果采摘区和种植区的肥料，沼渣用作新造地的土壤活化剂。在生态农业大观园内形成了矿山生态恢复—特色种植、养殖—农副产品深加工—以采矿业、燕山民居、观光农业为特色主题的现代生态农业产业链，实现了生态、社会和经济效益的有机统一。

5.2 采矿迹地景观建设模式

5.2.1 露天矿景观设计相关理论

1. 矿坑废弃地景观设计的恢复生态学理论

1985 年，英国学者阿贝（Aber）和乔丹（Jordan）提出"恢复生态学"这一术语，引起了人们对退化生态系统恢复的广泛关注。20 世纪 80 年代初，在《土地恢复：受损与退化土地的修复与生态学》一书中，美国专家布拉德肖（Brandshaw）与查德威克（Chadwick）针对废弃采石场的问题，不仅探讨了植被恢复，还探讨了有关重建的技术方法。恢复生态学是基于人为设计理论、生态系统演替理论、生态系统服务与管理理论、景观生态学理论和生态工程学等理论进行研究的一门学科。对于废弃矿山的生态恢复，目前已经存在多种复绿技术。生态恢复指通过人为干预，帮助退化、损毁或受损的自然生态系统加速演替的生态重建过程，人为设计理论作为恢复生态学的衍生理论，对于已退化的生态系统提出了有效的工程恢复技术手段，以及植物重建技术。

在矿坑废弃地的景观设计研究中，恢复生态学理论是贯穿始终的基本原理和原则，对矿坑废弃地的生态重建方案和技术层面具有指导意义。矿区的生态恢复是矿坑景观设计的基础，如长沙新生水泥厂采石坑，应用传统的客土喷薄和立体绿化等边坡生态恢复技术，在废弃地植被恢复的基础上，实现了冰雪世界再开发的可持续发展。

2. 矿坑废弃地景观设计的景观设计学理论

景观设计学是源于园林规划的一门工程应用类学科，美国学者赫伯特·西蒙（Hertbert A. Simon）在《人工科学》中提出，所谓设计，就是找到一个能够改善现状的途径。英国著名景观设计师麦克哈格（McHarg），发表了著作《设计结合自然》，列举了不同尺度的设计实例，为景观设计学的发展做出了巨大的贡献。美国的著名设计大师诺曼·布思（Norman K. Booth）在《风景园林设计要素》一书中，从地形、水、植物材料、建筑物、铺装、园林构筑物等园林要素出发，详细地描述了园林景观中具体的设计方法。

俞孔坚院士认为景观设计学强调土地的设计，是关于景观的分析、规划布局、设计、改造、管理、保护和恢复的科学和艺术。"生存的艺术"是他赋予景观设计的新定位，他提倡国土规划应注重生态优先原则和生态设计的途径，以及生态文明的自然审美和价值观，并在其基础上提出了著名的"海绵国土"理念。俞孔坚认为设计是联系自然与文化的纽带，它是通过物质流和土地利用来实现的，其中景观设计的核心原理是生态，所以景观设计本质就是对土地和户外空间的生态设计。这些理念被成功地付诸实践，如浙江金华燕尾洲公园等。

风景园林规划与设计教育家孟兆祯认为景观设计的理论源于中国传统园林的自然和生态观，强调"天人合一、人与天调"的传统设计思想。例如，在"琼花仙玑"的实践设计中，运用了"比兴"的文学手法和绘画艺术的构图理法进行立意，向园外"借景"并于山水间进行起承转合的建筑布局，充分体现了中国传统的造园思想。

清华大学教授朱育帆认为矿业废弃地作为后工业景观具有全景性和多样性，他主张"通过现状来审视过去和洞见未来"，强调在景观设计中，只有在意识上将场地历史空间化才能在景观结构中展现出设计的厚度和纵深，探索场地历史中"旧"的价值并进行回溯，形成新旧兼并的景观冲突和"工业自然"的野性审美。

3. 矿坑废弃地景观设计的景观再生理论

再生理论在生物学领域指生命机体对于生命场所再栖居的过程，景观再生理论最早可追溯到20世纪六七十年代。近年来，废弃地景观修复设计引起了人们的广泛关注，尤其是具有生态退化特征的废弃地，如采石场废弃地、工业废弃地、垃圾填埋场等。比利时贝灵恩煤渣山在60 m的场地尺度之间赋予冒险游乐景观，以木桩森林、多面坡地、山顶煤矿广场三种空间串联起矿区的过去和未来。在这一案例中，设计师抓住废弃地的工业特色与地形高差进行景观再生设计，成功再造了一个充满童趣的冒险主题公园。

景观再生理论源于西方。1994年，美国学者约翰·蒂尔曼·莱尔（John tillman Lyle）在《可持续发展的再生设计》一书中，第一次系统地提出了再生设计理论。虽然景观界现阶段对于这一理论还没有达成具体的共识，但是诸多学者已经从人文生态系统、重建生态环境、绿色建筑等不同领域提出了景观再生设计的方法论与策略。迄今为止，已有一些规划设计师明确提出了这一理论，并在个人研究领域开展了一系列实践研究，提出了再生设计的策略。

加拿大艺术家比尔·里德（Bill Reid）将再生设计理论应用到了绿色建筑中，提出了仿生和亲生态的再生设计策略，并主张将自然与当地文化习俗相联系，以此来促进可持续设计向场所恢复和再生设计的转变。英国建筑师威廉·麦克多诺（William mcDonough）和化学家迈克尔·布朗嘉特（Michael Braungart）共同写作的《从摇篮到摇篮：重塑我们的制造方式》一书中，提倡循环材料和可再生能源的循环利用，明确提出了再生概念和再生设计框架。

在矿坑废弃地的景观设计研究中，这一理论的主要价值体现在人文生态景观的营造上，在采石废弃地特有的空间地貌上，通过保护历史遗迹、继承地域特色文脉、缝合破碎的景观实现动态平衡的发展状态，强调公众参与、自然环境、经济发展的共生关系。采石废弃地特殊的景观地貌特征，奠定了地质旅游的基础，巨大的空间尺度给人以强烈的视觉体验，置身其中，荒凉野性的肌理将是一种天然的"历史遗迹博物馆"，具有深刻的教育意义。采用景观再生策略的重点在于保留场地资源并重塑，许多有价值的现状被作为一种景观语言融合到新的景观形式中。

4. 矿坑废弃地景观设计的可持续发展

在1972年联合国首次召开的人类环境会议上，第一次提出了"可持续"的概念。21世纪以来，景观的可持续性研究进入了快速增长阶段，但大多研究方向多趋向于生态与实践，社会文化与理论方面涉及较少。在第12届国际生态学大会上，来自世界各地的生态学科技工作者纷纷呼吁生态文明和可持续发展，强调通过景观和区域尺度来实现可持续性。2020年9月，习近平主席在联合国大会上向全世界宣布，中国二氧化碳排放力争于2030年前达到峰值，努力争取2060年前实现碳中和。这标志着未来的景观设计将更加倾向于低碳与可持续性的景观。美国景观设计师协会（ASLA）提出健康的景观是需要不断再生的，因为景观本身就是一个不断进行着生长和衰亡更替的生命综合体。因此，可持续景观的意义就在于景观随时间流动持续变化和适应，以实现景观生命的延伸，并具有提供无限生态服务的能力。

北京师范大学教授赵文武等认为，景观可持续性是区域景观格局动态发展的过程，它能够通过长期的景观服务，实现维持人居环境良性循环的目的。在景观重塑的过程中要遵循环境的最小干预原则，可持续景观理论强调以低维护、低干扰和低影响的景观设计来实现弹性发展的目的。

此外，很多国家借用采石废弃地天然的地貌优势，将其改造成一个可再生能源的生产基地。例如，土耳其的一个采石废弃地安装了太阳能电池板，作为太阳能发电厂以生产可再生能源，实现了矿区的可持续发展。

在采石废弃地的景观重建过程中，应通过野生植物的自然配置、矿区资源再利用、蓄水池的水循环等低碳设计策略，建设多样化的健康社区，在满足精神文化需求的同时，恢复自然栖息地，实现人与自然共生，从环境、社会、经济、体验、审美多维度体现景观的可持续性。

5.2.2 矿坑废弃地景观设计原则与设计策略

1. 设计原则

矿坑废弃地的场地构成复杂，生态环境脆弱，在景观设计的过程中，不仅要注意景观的自然性，还应体现文化的延续性。在空间营造上，也应在尊重场地的同时，赋予区域景观丰富的体验感。因此，在矿坑景观的设计中，应遵循生态优先性、文脉延续性、因地制宜和多元共生性4个原则。

（1）生态优先性原则。露天开采是损毁土地非常严重的采矿类型之一，采场区域植被剥离，地表形成大大小小的深坑，青山绿水不再，动物被迫逃离。恢复矿区的生态文明早已成为不需要言明的共识，在矿坑景观的设计中，应立足生态之本，采用自然生态的设计手法，就近取材，应用乡土野生的植物，复写矿区特色的生态景观。《园冶》中"虽由人作，宛自天开"的传统园林思想，体现了中国园林设计中"源于自然而高于自然"的造园理念。在矿坑景观的营造中，我们应秉承前人的智慧，尊重自然、模拟自然，重建矿区与自然的纽带，达到与周边自然环境和谐共生的景观效果。

（2）文脉延续性原则。在城市景观的历史演变中，景观遗产都是基于时间线索的空间组合，它通过记忆的形式，展现着过去、现在与未来的脉络，一座城市的文化景观包括文化历史、环境变迁和景观实体空间形态风貌，在矿坑废弃地由兴至衰的演变中，印刻在这片土地上的记忆，包括景观空间的变迁、采矿活动的遗迹、矿工的生活场景等，甚至这座城市的地域文化，都是矿坑景观设计中极具价值的部分。地域内的文化景观演变随时间沉淀，逐渐在人们的意识中形成了一种固有的印象。因此，在矿坑景观的设计中，应挖掘现场文脉，尊重地域文化，通过景观媒介，将文化元素以新的景观形式呈现，唤起人们的共鸣，从而达到矿区景观可持续发展的目的。

（3）因地制宜原则。在矿坑环境中，采矿重新定义了这片土地的形态空间，多年之后，它呈现给世人的新面貌是下沉的负向空间、斑驳的地表、地下水上溢所形成的湖面及陡立的岩壁。矿坑风貌既然已经形成，我们应顺应场地类型，因地制宜，在矿坑形态与人工景观之间寻找结合的契机，寻找应和的关联点，达到视线与形态的相互融合、渗透，重构"天人合一"的矿坑景观。例如，植被恢复良好的坑体，可以碎石为配景构建岩石植物园；地下水溢出的矿坑，积水成湖，可借水景在矿区构建亭廊，重现山水意境；工业气息浓郁的矿坑，可采用艺术创新的手法，搭建矿坑主题乐园等。

（4）多元共生性原则。党的十九大指出，人民日益增长的美好生活需要和不平衡不充分的发展之间的矛盾，已成为我国社会的主要矛盾。这意味着矿坑废弃地的单一土地复垦时代已经过去，在解决矿坑废弃地人地矛盾的同时，更应以人为本，构建多元共生、功能多样、体验丰富，并且能让人感到幸福的景观空间。共生空间必然是功能混合且紧凑的，空间结构更加多样化，多元共生不仅尊重地域文化和自然，还具有更强的包容性。因此，矿坑景观的设计应遵循多元共生的原则，营造自然与生态景观共生、人工与自然景观共生、文化与旅游景观共生，功能多样、体验丰富的可持续景观空间。

随着城市建设的飞速发展，单一的发展模式（如自然生态恢复、主题公园、儿童游乐场、博物馆等）已不能满足当代社会可持续发展与精神文明的需要。因此，根据矿坑废弃地的景观形态、生态环境和人文历史特征，废弃采石场的景观重塑，应采取多元共生的混合发展模式,采用划分区域的方式,进行分区设计,将自然景观、历史景观和矿区经济发展相结合,满足不同年龄段观光者的需求。

多元共生的混合发展模式包括自然恢复的生态景观、融入文化的旅游景观和业态融合的商业景观,如图5.2所示。第一,顺应地形地貌,模仿自然生态,营造低碳和谐的生态景观;第二,以矿区的工业遗迹为景观元素,延续历史文脉,打造具有矿区特色的文化主题旅游景观;第三,根据矿区特点,融入商业化景观,如矿坑酒店、非遗文化博物馆等,挖掘矿区的经济价值。三种景观相互融合,有机地分布于矿坑空间,打造自然与文化共生的可持续发展景观。

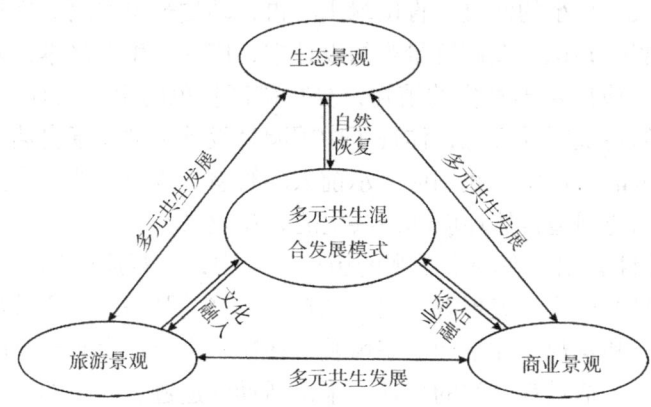

图5.2 矿坑景观多元共生的混合发展模式

2. 设计策略

针对矿坑废弃地的特征,景观设计策略主要包括山水意境、文旅融合、生态低碳和多元共生。

(1)山水意境,即以中国山水画为蓝本,结合传统山水园林思想,与矿坑地貌相融合,来营造矿坑景观的山水意境。著名古建筑园林艺术学家、同济大学教授陈从周先生曾以"不知中国画理,无以言中国园林"来强调山水画与园林之间的关系,山水画对自然的艺术浓缩和情景交融的意境表达,与园林设计中所体现的"咫尺山林""天人合一"等造园思想不谋而合。矿坑废弃地是一个矿山暮年的形象,满是褶皱肌理的崖表、崖壁上的断层,还有不同开采坑壁形成的错落感,让人想起了山水艺术画卷中的山川形象。因此,以中国山水画卷为灵感来源,融入传统山水园林思想,对矿坑景观的营造具有很大的指导意义,如上海辰山植物园矿坑花园的营造就很好地体现了这一点。

(2)文旅融合,即将矿坑的地域文化、采石遗迹与旅游产业相结合,打造新型的旅游景观。矿区的景观处理不应掩饰或改变那些破碎的历史,矿区中的工业遗迹、工程建筑和构筑物,以及采石留下的地质景观等历史印记,都应以纪念的方式,转化为新的景观语言被保留下来,它们既可以唤起人们对城市历史片段的回忆,也是城市生活中独有的景观构成。矿区的地域文化和场地独有的采石痕迹、工业遗迹,都是具有场地特色的旅游资源,在矿区景观营造中,应被传承下来,以增强矿坑景观的吸引力。

(3)生态低碳,即低碳化、体现生态文明的景观。随着全世界对碳排放要求的提高,低碳、可持续性景观设计逐步成为新时代的必然趋势。恢复矿区生态是景观设计和土地再利用的基础，矿坑景观设计应立足于低碳理念来进行。例如，顺应矿区地形，选用管理粗放、低维护的乡土植物，配置自然植物群落，与原有地形巧妙结合，让自然做功；将矿区的废旧材料、废石、碎石进行艺术处理，实现资源的循环再利用。景观设计中还应注重自然能源的开发和利用，如太阳能、风能、水资源等；借助地势高差，合理设计跌水、小溪、雨水花园等流动性水景，形成矿区的微型生态圈，调节小气候，做好雨水的收集和再利用工作，避免水资源的流失。建筑设计上也应加强低碳设计，主要形式包括绿色生态屋顶、立体垂直绿化等，扩大绿化面积。园林建设过程中，减少二氧化碳排放量，顺应现有地形，就近取材，尽量减少土方开挖和材料的运输及机械作业，将景观建设与生态修复相统一，营建低碳、可持续的矿坑景观。

（4）多元共生，即景观空间和体验的多样性。挖掘场地特色，构建动静结合的区域空间，同时规划多样的游览路线，丰富景观体验，打造具有趣味性、多样化的景观场所。崖壁可以作为攀岩项目体验场所，矿区边界的山体可以打造徒步路线，缓坡可以作为滑草项目的场所，平坦的场地可以作为房车营地、露营、野餐的空间，矿区的水洼湖区可以作为鱼塘进行垂钓，恢复良好的农林果园可以作为采摘园，还可以建设博物馆、科普园、时光长廊等。

多元共生的景观设计，一方面可以满足不同年龄群体游客的需求，提高开放空间的利用率，如年轻人可以选择滑草、徒步、极限运动等体育活动；年轻家庭可以体验露营、亲子互动、农业采摘等活动；老年人群可以体验鱼塘垂钓、冥想等活动。另一方面还可以激活废弃场地的活力，促进经济发展，如茶室、博物馆、酒店、雕塑园、专类园等业态的运营模式，可以在一定程度上提高经济效益，实现土地再利用的经济价值。

5.2.3 秦皇岛栖云山矿坑景观治理

20世纪80年代，由于开山采矿，秦皇岛栖云山山体遭到破坏，形成了20多个矿坑，水土流失严重，造成了植被破坏、扬沙起尘等生态环境问题。为深入贯彻落实秦皇岛市委、市政府"生态立市"的战略思想，实现"还山于民，还绿于民"的目标，2017年7月，配合河北省第二届（秦皇岛）园林博览会的建设，结合"城市双修"的要求，秦皇岛经济技术开发区启动了栖云山生态修复项目。

栖云山生态修复项目位于秦皇岛经济技术开发区西区核心区，总投资约 1×10^9 元，重点对8个体量较大的矿坑进行修复治理并充分利用，矿坑占地面积合计385.6亩，共计修复面积 $34.99 \times 10^4 \text{ m}^2$，其余零散较小矿坑以回填复绿为主。

该项目在解决山体整体安全性的基础上，对废弃的矿坑进行修整、防护、利用，对山体进行绿化、美化、亮化，恢复成瀑布、湖泊等生态景观。具体来说，就是采用"柔性护坡缓冲带+近自然客土喷播"组合施工法，在做好地质灾害防护、保障基岩稳定的前提下，用藤本植物美化崖壁，与水面搭配，形成绿化景观。同时，项目针对修复难度较大的山体部分，利用生态修复手段，将其构建成景观品质良好的多彩花田。

在矿坑治理上，采取生态优先的原则，尊重自然地形，尊重场地自然肌理及周边区域的生态基础条件，将各种不同类型的生态及场地资源进行有机梳理，对于基地内部优良的资源进行整合利用，构建区域生态景观格局，如图5.3和图5.4所示。

图 5.3　矿坑治理俯视图　　　　　　　图 5.4　修复后的栖云山

治理矿坑因地制宜，将具有较好的场地围合感，以及良好的垂直界面的矿坑及岩壁，打造成攀岩场地或崖壁浮雕等文化景观；对地质条件较差的山体采用台地挡土墙、格构梁护坡等方式进行修整加固，并用藤本植物修饰美化。对于一些零散分布、面积较小的矿坑直接回填复绿。

依托矿坑地势，栖云山生态修复项目总体规划为 6 个分区和 8 个景观节点。6 个分区分别为城市广场、体育公园、农业公园、南山花园、半山公园和云顶公园，8 个景观节点分别为怡景绿园（瀑布景观）、户外乐园、风情栖云、崖壁酒店、温室花房、养心花园、童话乐园和儿童王国。

5.3　废弃矿山腾退建设用地模式

从土地利用现状数据库中的地类看，废弃矿山用地有建设用地，还有农用地、未利用地等多种复杂情况。其中，建设用地中大部分为独立工矿用地，少量为建制镇、农村居民点用地。从原则上讲，只有废弃矿山腾退的建设用地可以继续作为建设用地来使用。

5.3.1　废弃矿山腾退建设用地的利用难点和问题

1. 空间布局分散，不利于集中开发利用

从空间分布上看，废弃矿山零星分散、矿山占地范围小，不但增加了集中利用的难度，而且大部分矿山多分布于山区等不便于或不适于开发利用的空间位置。

2. 地域差别，造成开发利用的效益差别大

矿山用地整治后的开发利用，面临收益差距大的现实问题。紧邻风景区的矿山用地经整治可作为景观用地，经济效益较易显现；整治出来的偏僻地区的矿山土地质量等级低，只能作为农地，经济效益差，农民不愿意承包耕种。

3. 现有政策制约集体建设用地流转

通过对废弃矿山现状进行调查发现，从矿山使用的土地所有权性质来看，有经过征收的国有土地和农村集体土地两种。在利用上，国有建设用地可以按照现行的法律法规进行开发利用，而集体建设用地在使用权流转办法出台前还存在限制。

废弃矿山用地是有很大开发潜力的土地后备资源,在废弃矿山用地开发利用中必须充分考虑以上情况,以及废弃矿山用地开发利用的特点和难点,使废弃矿山用地既符合政策规定,又能被开发利用,达到各类土地利用效益最大化的目的。

5.3.2 综合开发利用

1. 开发利用的必要性

科学发展的一个重要课题是转变经济增长方式。随着建设用地日趋紧张,废弃矿山用地利用成了拓展用地空间的一条重要途径。废弃矿山用地经有效治理变成耕地、林地和建设用地,真正达到"变废为宝"的目的,既能修复生态环境,又能拓宽用地渠道,节约土地资源。

如何在新的发展理念指导下充分利用这些存量建设用地,对当地产业结构调整至关重要。各地要利用优势,因地制宜,对废弃的矿山进行开发利用,使其为区域经济社会发展做出积极的贡献。

2. 综合开发利用的途径和办法

根据分类指导、区别对待的原则,废弃矿山腾退的建设用地"宜农则农、宜建则建、宜调整空间布局的则调整布局",下面主要从4个方面着手探索废弃矿山综合开发利用的途径和办法。

第一,土地复垦,开展生态修复工程。

矿山开发为城市建设做出了贡献,同时也极大地破坏了山区的生态环境和自然景观,造成了水土流失、植被和地下水系破坏等负面影响。关停废弃矿山,开展生态修复已成为土地可持续发展的需要,成为山区实现可持续发展的必然要求。

对于分布于农业生产用地之中、与生态环境保护存在矛盾的废弃矿山,可依据具备的土地复垦条件,将其复垦成耕地、园地,不宜耕种的可恢复成生态林。矿山用地本身属于建设用地,将它们变废为宝,重新盘活,既为本区非农建设占补平衡提供了充足的后备耕地,又为城区建设提供了置换非农建设用地指标,实现了生态效益和经济效益的双赢。

第二,开发利用,合理布局。

对于空间布局和利用现状适宜作为建设用地的废弃矿山,可以继续作为建设用地使用。

按照城市规划的功能利用。对于分布在城镇建设范围内的废弃矿山用地,由于符合城市规划和土地利用总体规划的要求,随着城镇的发展,在坚持"开发和节约并举、保护与发展并重"原则下,可以积极探索土地集约利用的新路子,最大限度地发挥土地资源的集约效应,从废弃矿山里整理出建设用地,将其作为城镇建设用地来使用。对废弃矿山优先进行生态环境综合治理,对其进行边坡治理,消除安全隐患,按照城市规划实现其城市功能,特别是对城镇周边、国道两侧可视范围内的废弃矿山,进行边坡治理和大面积平整,整理出的土地可与周边的城镇发展等进行连片开发。

作为产业用地开发利用。对废弃矿山腾退建设用地中具有较高开发价值的土地,要与发展现代服务业、完善旅游基础设施、建设都市型现代农业等相结合,大力发展特色旅游,兴办矿区旅游产业。其他经营性项目用地可做好前期规划、储备上市工作,积极推动市场化运作，最大限度发挥土地利用效能。积极利用国家各项政策，整理废弃土地，拓展用地空间，为产业调整预留建设用地，这样在改善环境的同时，也能缓解建设用地指标紧张的情况，实现产业合理布局的目标。

改造成矿山博览公园等创意公园。从资源开采到创意文化，转变发展观念，实现可持续发展。可以有选择地将废弃矿山建设成矿山博览公园，"穿上矿工专业服装，头戴矿灯，乘坐矿车深入矿山内部体验采煤"的活动对年轻人很有吸引力。此外，在修整好的矿山岩石上开展攀岩等体育运动，也是吸引年轻人的方式之一。

第三，空间置换，完善土地利用总体规划。

部分废弃矿山因位置偏远，作为建设用地继续使用价值不高。如果经整合并通过置换方式用于城镇集中建设，理论上相当于增加了城镇建设用地的指标。对已完成生态修复治理或土地复垦的部分废弃矿山腾退的建设用地，可通过置换的方式进行空间调整。在建设用地总量控制下整合，城乡新增建设用地与宜农废弃矿山腾退建设用地的增减挂钩，既提高了建设用地的利用率，又最大程度地满足了区域经济社会发展对于建设用地的需求。

因此，应在充分调研的基础上，发挥国土空间规划对建设用地的控制、引导和协调作用，在总量控制的前提下重新布局建设用地。在规划的制约与引导下，修订完善城镇区域、旅游等产业用地规划，调整用地结构和布局，转变用地观念和用地方式，放弃粗放式外延扩张的发展模式，走集约式内涵挖潜的发展道路。

第四，研究集体建设用地流转的途径。

对废弃矿山腾退的集体建设用地中符合规划、合法取得且权属明晰的集体建设用地可依法采取出让、租赁、作价入股、转让等方式进行流转，流转的集体建设用地可用于发展二、三产业，但必须符合国家产业政策、土地供应政策、环保要求等，并明确不得用于商品住宅开发等要求。

5.3.3 废弃矿山腾退建设用地的应用效果

唐山市丰润区压库山片区废弃矿山位于丰润区城区西北部约 6.0 km 处，归杨官林镇、丰润镇、泉河头镇管辖，如图 5.5 所示。压库山别名"压库坑"。20 世纪 90 年代初，有人曾以凿岩爆破的方式在压库山村削山采石，用于填海、铺路。地上资源枯竭了，又向地下炸坑，"压库坑"由此得名。压库山片区治理前情况，如图 5.6 所示。

图 5.5　压库山片区遥感图像

图 5.6　压库山片区治理前情况

矿山存在崩塌、滑坡地质灾害，破坏了地形地貌景观，占用和破坏了土地资源，并且对环境造成了污染。2019 年，按照"谁治理、谁受益"原则，丰润区政府与保利集团合作，对压库山 15 处集中连片的废弃矿山进行修复。经过多次设计、论证后，2021 年开始治理，采用削方减灾、梯级放坡、格构梁护坡、修建警示围栏、覆土绿化、挂网喷坡、土地复垦、垃圾清运、碎石堆填、截排水等防治措施，以达到消除地质灾害、修复地貌、恢复土地资源和减少环境污染的目的。压库山片区矿山地质环境综合治理项目施工现场，如图 5.7 所示。

图 5.7　压库山片区矿山地质环境综合治理项目施工现场

通过整体规划治理，依靠科学可行的技术方法，消除项目区内的地质灾害，修复被破坏的耕地资源和地貌景观，如图 5.8、图 5.9 所示，合理利用矿区内的残矿资源，整理出了农业用地 430 余亩和建设用地 1 137 亩。这些土地将用于发展设施农业、打造矿山公园、建设现代化装配式建筑产业园区等，预计每年总产值可达 30 亿元。

图 5.8　压库山片区矿山地质环境综合治理初步效果　　图 5.9　压库山片区生态修复效果

该项目通过对矿山环境的统一规划、综合治理，保障了矿区周围居民的生命财产安全，消除了视觉污染，有利于维持良好的社会秩序，提高了当地社会经济发展水平和人民生活水平。

此次治理通过绿化边坡及平台，恢复生态环境，将彻底改变矿区"脏、乱、差"的现象。

6 露天矿生态修复典型案例

6.1 庙沟铁矿生态修复案例

6.1.1 矿山概况

河北钢铁集团矿业有限公司庙沟铁矿位于河北省秦皇岛市青龙满族自治县祖山镇境内，距秦皇岛市区 33 km，运输距离为 55 km，交通较为便利。铁矿区域地势南高北低，地形较陡，南与高山相连，北与低山接壤，该区域最高峰为响山，海拔为 1 424 m，最低处为矿区北部，标高约为 550 m。秦青公路由矿区北部 5.5 km 处通过，矿区有简易公路与之相通，交通便利。

庙沟铁矿始建于 1987 年。2012 年，庙沟铁矿被国土资源部批准为国家级绿色矿山试点单位。经过多年的开采，已经基本开采完毕，形成一个面积约 $6.8 \times 10^5 \, m^2$、距封闭圈深约 15 m 的露天采场，坑底标高为 372 m，随后转入井下开采，属于典型的露天转地下开采矿山。

矿山总体布置由露天采场、排土场、马粪沟尾矿库与工业场区等组成，如图 6.1 所示。

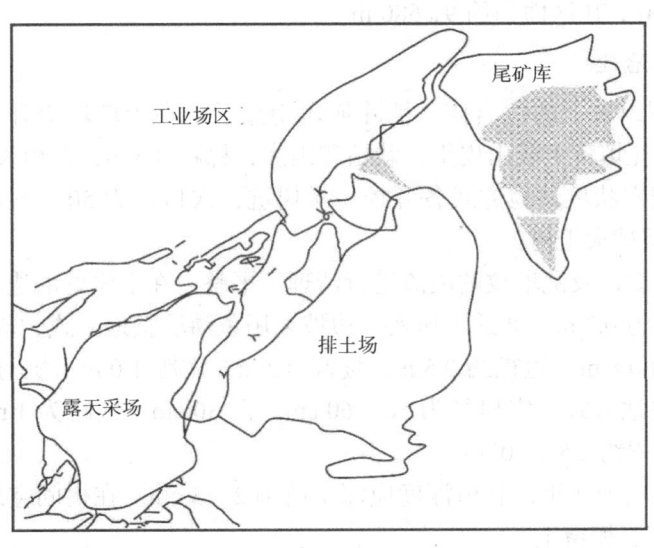

图 6.1 庙沟铁矿平面布置

6.1.2 矿区综合治理方案

1. 排土场治理方案

从排土场顶部向下标高每降 20 m 左右开挖 3 m 宽的平台，台面内倾 3°～5°，外侧修建挡水埝，开挖平台间的坡角不大于 38°，在整理好的台面和坡面上覆盖黄土或山皮土，厚度 0.3 m，并适当压实。

平台上采用穴状坑整地方式，挡水埝内侧平台开挖两排树坑，坑内栽植火炬树；挡水埝顶面和两坡面上各栽植一行紫穗槐；坡面上采用鱼鳞坑整地方式，规格为半月形坑穴，外高内低，坑与坑排列成三角形，以利于蓄水保土，坑内栽植紫穗槐。在树间空地撒播草籽，数量为 50 kg/hm²，用耙、耱覆土。

平整好的坡面上修建急流槽，纵坡坡度和坡面要保持一致，排水渠两侧埋入坡面 0.8 m，高于坡面 0.1 m，在开挖平台上排水渠两侧应与台面相平。急流槽每 10 m 设伸缩缝，用沥青木板填充。

在排土场边坡坡脚处修建一排水渠。采用 M10 浆砌片石，M7.5 砂浆抹面，每 15 m 设伸缩缝，用沥青木板填充，埋设时顶部高出废渣坡面 0.2 m。

排土场主要分三期开展治理，具体内容如下。

一期工程，主要针对东排土场祖山旅游公路西侧已治理区上部 640～680 m 排土场边坡和台面进行治理及绿化，治理区面积约 147 530 m²，治理方法参考已治理区域进行；同时对西排土场其中 3 处排土场进行治理，总治理面积约 124 120 m²，这 3 处区域采用恢复原始地貌方式进行治理。

二期工程，东排土场西北侧 505～680 m 的排土场边坡进行削坡、错台、覆土、植树绿化，该区域处于地下采矿错动范围内，治理区面积约 226 087 m²。

三期工程，对东排土场南侧 640 m 标高以上边坡进行削坡，640 m 标高以下排土场废石全部运到露天采场作为覆盖层使用，恢复到原始地貌，治理面积约 332 530 m²，其中 A 区面积约 240 850 m²，B 区面积约 91 680 m²。

2. 矿区道路治理

清除道路内侧山坡上的危岩体，消除崩塌隐患后，在山坡坡脚开挖 0.5 m 宽、0.3 m 深的沟槽，沟槽内充填黄土或山皮土，栽植爬山虎，株距 0.5 m，栽植长度 1 273 m。

道路两侧采用穴状坑整地方式各开挖一排树坑，穴口径为 50～60 cm，深 50 cm，穴距为 1.0 m，坑内栽植火炬树。

将道路下部边坡以及乱堆放的废渣进行清理、平整，在平整好的边坡和平台上覆盖黄土或山皮土，厚度为 0.3 m，并适当压实。边坡采用鱼鳞坑整地方式，规格为半月形坑穴，外高内低，长径约 0.8 m，短径约 0.5 m，埝高 0.2 m，穴距 1.0 m，坑与坑排列成三角形；平台采用穴状坑整地方式，穴口径为 50～60 cm，深 30 cm，穴距为 1 m，坑内栽植 2～3 株紫穗槐。平整面积约 2.8×10^4 m²。

所选树种苗龄均为 2 年，栽植深度应深于苗圃 2～3 cm。在树间空地撒播草籽，数量为 50 kg/hm²，用耙、耱覆土。

3. 采坑治理

露天开采结束后将转向地下开采,矿山把采坑作为地下开采时的排渣场地,采坑边坡及平台不必进行治理。

4. 尾矿库和工业场区治理方案

尾矿库和工业场区主要通过覆土绿化的方式进行治理。

6.1.3 生态修复工程效果

2020年,该矿区按照生态修复规划,不断加大生态修复工作管理力度,提高生态修复建设和管护水平,重点在露天采场、排土场、尾矿库及工业场区实施修复项目,治理工作取得较好成绩。

1. 露天采场

露天采场由露采作业区负责修复,累计种植刺槐36 800棵、紫穗槐树苗13 500棵、爬山虎25 000棵,码放植生袋5 000个。累计修复面积58 855 m^2,如图6.2所示。

图6.2 露天采场540 m 台阶治理前后对比图

2. 排土场

西排土场修复区由露采作业区负责修复,种植刺槐20 000棵,码放植生袋5 000个。播撒格桑花种子280 kg,累计修复面积43 350 m^2,如图6.3所示。东排土场由井采作业区负责修复,土地复垦项目于2020年6月完成现场施工,区域绿化效果已初见成效,项目实施后完成治理面积2.7×10^5 m^2,如图6.4所示。

图6.3 西排土场治理前后对比图

图 6.4 东排土场修复前后对比图

3. 尾矿库

尾矿库区域由选矿作业区负责修复，580 m 子坝筑坝覆土面积 26 268 m²，种植沙棘 36 300 棵。累计修复面积 26 268 m²，如图 6.5 所示。

图 6.5 尾矿库治理前后对比图

4. 工业场区

工业场区划分责任区域，由各作业区、中心、科室负责修复及日常管护，累计土地覆土平整 20 000 m²，累计完成种植刺槐 6 200 棵、榆叶梅 200 棵、冬青球 100 棵、冬青 49 000 棵，累计修复面积 22 223 m²，如图 6.6 所示。

图 6.6 工业场区治理前后对比图

6.1.4 治理成效

1. 社会效益

通过对矿山环境的统一规划、综合治理，保障了矿山周围居民的生命财产安全，有利于维持良好的社会秩序，体现了党和政府对防灾减灾工作的重视，有利于提高当地社会经济发展水平和人民生活水平，也为其他矿山地质环境恢复治理工作树立了模范，同时为创建和谐社会奠定了一定的社会基础。

2. 生态效益

通过矿山环境综合治理，原来到处扬尘的废石场得到了有效治理，大幅改善了项目区与周围环境不和谐的恶劣地貌景观，使生态地质环境代谢进入良性循环，形成了环境优美、空气清新的新型绿色矿山，同时为广大居民提供了一个良好的休闲、娱乐场所，为地方经济的发展创造了条件。

3. 经济效益

通过对排土场地质环境的治理，消除了矿山地质灾害隐患，恢复了土地的使用价值，为矿区周围的后期发展扫清了障碍。项目实施后可绿化土地面积 638 960 m^2，复垦耕地 64 540 m^2，复垦果园林地 115 690 m^2，为当地农民提供了大面积的土地资源；苹果园、栗树园和核桃园的开发，增加了当地农民的收入，经济效益明显。

6.2 承德柏泉铁矿生态修复案例

6.2.1 矿山概况

河北钢铁集团矿业有限公司承德柏泉铁矿位于河北省平泉市平泉镇二道河子村，101国道从矿区北侧通过，交通便利。该矿始建于2004年4月，2006年4月投产，2008年9月划归河北钢铁集团矿业有限公司，是一家集采、选于一体的国有中型露天开采矿山。

矿山经过多年的发展建设，分别设立了采矿作业区、破碎作业区、选矿作业区、动力作业区等多个功能区域，从生产到生活建成了一套完善的基础设施，包括排水系统，矿石选择加工系统，供电、供水系统，较完善的生活服务、办公、后勤保障系统等综合设施，被自然资源部评为第三批"国家级绿色矿山试点单位"。

6.2.2 矿区综合治理方案

1. 闭坑恢复治理方案

（1）露天采场治理。在闭坑治理期内对所有露天采场进行全面治理，治理工程主要为清理危岩、覆土、拦挡工程、绿化。

清理危岩：对露天采场凸出、破碎的岩石进行清理。

覆土：在平整后的平台上铺垫厚度为0.4 m的含有植被生长必需养分的土壤，保证植被的正常生长。覆土采用人工或小型机械进行夯实，要求压实度大于或等于85%。最后平整场地，使覆土表面的坡度向边坡方向内倾。

拦挡工程：在治理期内为所有采坑开采形成的平台修建拦挡工程，结合开采特征，为了保持覆土后的松散土堆的稳固性，同时防止雨水冲刷对坡面造成的冲蚀，在台阶平台外侧上平行修建拦挡土墙。墙体材料为块石和水泥砂浆（砂浆强度M10），设计拦挡土墙高0.5 m、厚0.5 m。

绿化：经过前期的工程治理，为植被创造适宜其生长的立地空间。根据当地的生态植被特征，平台处种植适于当地生长的刺槐，间种本地生、耐旱类的草本植物。针对陡壁，采用攀附能力强的爬山虎进行绿化，采用攀爬式和悬挂式相结合的方式种植。在距台阶坡脚0.5 m处，沿台阶走向穴植刺槐等植物。采用混交种植方式，株距为2 m×2 m。苗木胸径大于3 cm。攀爬式爬山虎种植在平台内侧、陡壁的坡脚处；悬挂式爬山虎种植在顶层，采用插播种植。爬山虎种植每株株距为0.5 m，苗木规格为3年生苗。采坑平台绿化种植刺槐14 000棵，种植爬山虎11 000株。

（2）排土场治理。规划闭坑恢复治理期内对矿山开采形成的排土场进行治理。将排土场内的废渣进行回填，回填到露天采场内。对排土场进行覆土绿化，种植刺槐。

（3）选厂治理。在闭坑恢复治理期内，对选厂进行拆除，覆土绿化。

2. 矿山环境治理技术方法

露天采场绿化平台及台阶技术要点如下。

就近取土，混入肥料于露天采场底部覆土，整体覆土厚度为0.4 m，人工整平、压实后栽入刺槐。株行距为2 m，造林季节以春末夏初、秋末冬初为宜，可选择4月和11月栽植。

台阶挡土墙技术要求如下。

台阶外侧修建浆砌石挡土墙，墙体材料为块石和水泥砂浆（砂浆强度M10），墙高0.5 m、宽0.5 m。挡土墙设沉降缝，缝宽0.02 m，间距为10 m，沿内、外、顶三方向缝中填塞沥青麻筋等有机弹性防水材料，填塞深度不小于0.1 m。

在排土场前缘修建挡土墙，挡土墙高2.25 m，底宽1.05 m，顶宽0.5 m，前坡比1:0.2。重力式挡土墙用M10浆砌块石砌筑，采用坐浆法施工，块石强度等级不应低于MU30，水泥采用不低于42.5级普通硅酸盐水泥，挡土墙顶部为5%外斜顶，用1:3水泥砂浆抹面，并且厚度不小于0.03 m。

挡土墙基础深度为0.75 m。墙基沿纵向有斜坡时，基底纵坡不大于5%，当纵坡大于5%时，将基底做成台阶式。挡土墙上设一排圆形泄水孔，上排距墙顶垂直距离为1.5 m，每排孔间距为3 m，泄水孔呈10°角向外倾，泄水孔直径为50 mm，管材采用壁厚大于5 mm的PVC管，下排泄水孔出墙后。

重力式挡土墙的伸缩沉降缝通长设置，伸缩缝间距10 m，缝宽0.03 m，沿内、外、顶三方向缝中填塞沥青麻筋等有机弹性防水材料，填塞深度不小于0.15 m，如图6.7所示。

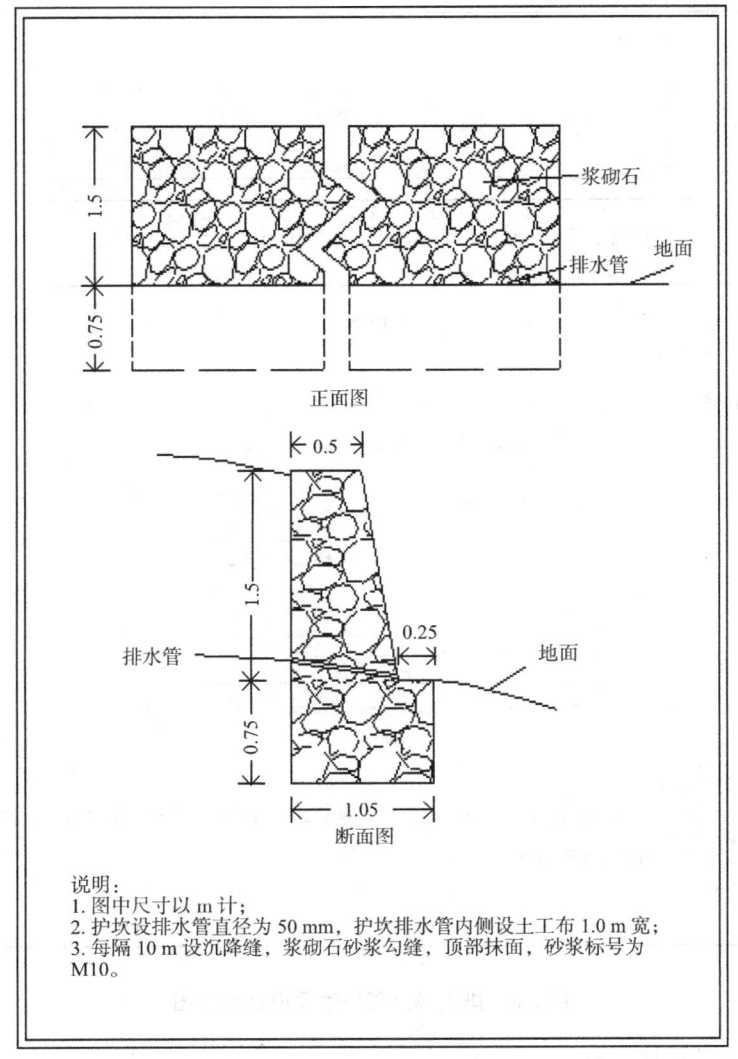

图 6.7 排土场挡土墙设计示意图

排洪渠：用 M10 浆砌块石砌筑，采用坐浆法施工，块石强度等级不应低于 MU30，水泥应采用不低于 42.5 级普通硅酸盐水泥，渠道两侧顶部为 5% 外斜顶，用 1∶3 水泥砂浆抹面，并且厚度不小于 0.03 m。设计排水沟底宽 0.5 m，沟深 0.5 m，沟壁边坡比 1∶1，坡肩宽 0.5 m。排洪渠每隔 10 m 设沉降缝，缝宽 0.03 m，沿内、外、顶三方向缝中填塞沥青麻筋等有机弹性防水材料，填塞深度不小于 0.15 m，如图 6.8 所示。

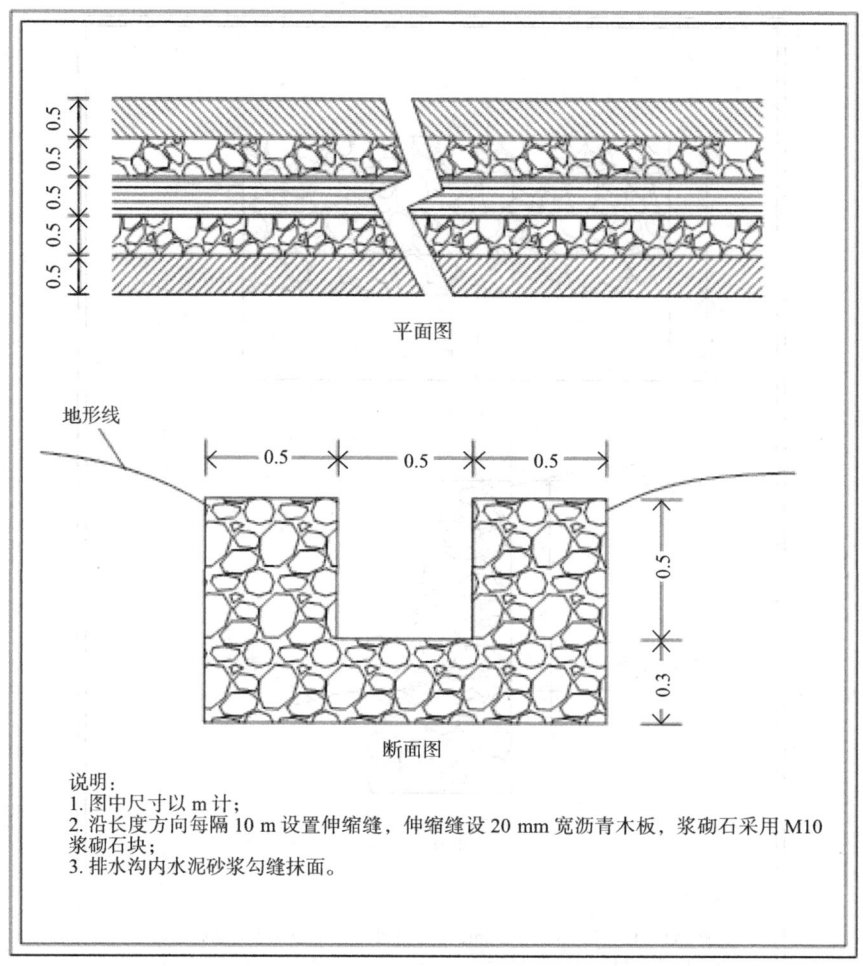

图 6.8 排土场外部排洪渠设计示意图

排土场绿化技术要点如下。

对排土场进行绿化，就近取土，混入肥料，人工摊铺，绿化方法为覆盖厚约 0.3 m 的耕植土，人工整平、压实。种植适应当地干旱、寒冷气候的刺槐，造林季节以春末夏初、秋末冬初为宜，可选择 4 月和 11 月栽植。

浇水灌溉，保证成活率：尤其首次栽种，一般都要浇水，也可选择在雨天来临前一天进行栽种，利用雨水浇灌。

保苗成活：植被种植后，要有专人看管，以防牲畜踏吃，或者被人砍伐。对于死苗还要采取补栽补种措施。

通过前期治理，矿区综合治理已经取得了一定的效果，如图 6.9 所示。

图 6.9 柏泉铁矿生态治理效果

6.2.3 治理成效

1. 社会效益

科学、有序地治理历史遗留的矿山环境问题，及时、有效地保护矿山环境，是促进矿产资源开发与环境协调发展，构建社会主义和谐社会的需要。开展矿山环境保护与治理工程，可以减少或避免人员伤亡，保护矿区居民的生命财产安全，维护矿区内工业、农业、交通运输业及各类社会经济活动的正常秩序，降低巨大的直接和间接经济损失，保证矿区生态环境良性循环发展。另外，开展矿山环境保护与恢复治理工程也属于一种公益性事业，不但可以扩大内需、拉动经济，还可以扩大就业、缓解就业压力。因此，开展矿山环境保护与恢复治理工作不仅对保护人类生命财产安全，减少灾害损失，提高当代人类的生活质量具有直接的现实意义，而且对促进社会经济健康发展，提高社会可持续发展的能力和资源的利用效率，改善生态环境质量，促进人与自然和谐共处，推动整个社会走上和谐发展、生态良好的文明发展道路具有深远的战略意义。

2. 环境效益

本矿山通过生态治理，恢复绿地面积约 0.852 km^2，绿化覆盖率达 80%，次生地质灾害防治率达 90%，矿山环境综合治理率达 80%。对地质灾害、生态环境破坏等矿山环境问题进行治理，加大植被覆盖率，减少水土流失，减少土地沙漠化、盐碱化的发生。生态环境恢复以后，森林可吸收大气中的二氧化碳，释放氧气。植物可吸附灰尘，净化空气，通过分泌挥发性物质杀灭细菌、真菌。枯枝落叶层和根系能阻截、过滤、吸收地表径流，并可固土，树冠可减轻雨水对地面的冲击，减轻地表径流对土壤的冲刷。同时，生态环境的恢复还可美化矿山景观。

3. 经济效益

矿山环境保护与治理所产生的经济效益主要体现在减少损失和增加收益两个方面。

实施恢复治理工程，可以预防矿区环境问题的发生，减少地质灾害发生的概率，减少或避免人员伤亡，降低直接经济损失。通过承德市矿山环境保护与治理工程近期、远期规划，逐步解决历史遗留的矿山环境问题，从而减少和避免因地质灾害造成的经济损失和人员伤亡，使矿山生产的安全得到保障，这有利于提高产量，增加经济效益；通过对矿区被占用、被破坏土地的恢复治理，进行立体开发，促进矿区经济健康发展。矿山环境恢复工程的实施，同时也能增加就业机会。

开展矿山环境预防区的监测工作，可以及时掌握矿区环境发展动态，提高对矿山环境发展趋势的预测精度，有效地保护矿区居民的生命财产安全，也能为开展矿山环境恢复治理提供技术支持，从而减少盲目投资，增加治理工程的投入与产出比率。

6.3 冀东启新石灰石矿生态修复案例

6.3.1 矿山概况

唐山冀东启新水泥有限责任公司石灰石矿位于唐山市古冶区赵各庄煤矿东约 2 km、卑家店西北 3 km 处，归古冶区卑家店乡管辖。矿区面积为 1.547 8 km²。矿区南距京山线铁路 2 km，东经山海关达辽宁、吉林、黑龙江三省，西经北京、天津至全国各地，矿山车间有专用线与京山线连接，可直达水泥厂，运距约 31 km，交通方便。矿山开采方式为露天开采，矿区面积为 1.547 8 km²，开采标高为 +50～+205 m，矿山生产规模为 1.3×10^6 t/a。

露天采场位于矿区东部和西部，即东采区和西采区，总面积约 $1.127 2 \times 10^6$ m²，采矿方式为自上而下，台阶式开采，现分述如下。

截至 2019 年初，东采区最低开采标高约 60 m，周长约 3 500 m，采深约 70～100 m，占地面积约 5.774×10^5 m²，仅在采场北部存在剥岩边坡，可见 2 级主台阶，宽 6～10 m，高 30～50 m；各台阶坡面角约 60°，总体边坡角约 50°。

西采区最低开采标高约 55 m，周长约 3 760 m，采深 55～95 m，占地面积约 5.498×10^5 m²，仅在采场北部存在剥岩边坡，可见 2 级主台阶，宽 6～10 m，高 30～90 m；各台阶坡面角约 70°，总体边坡角约 55°。

根据河北省建筑材料工业设计研究院编制的该矿山开采计划，矿山露天开采设计利用资源储量为 $3.811 2 \times 10^7$ t，矿山设计生产规模为 1.3×10^6 t/a。

6.3.2 矿区综合治理方案

治理区域为中域山区域（简称中区）、东域山自然地貌区域（简称自貌区）、西域山 16 线以西北帮（简称西区）、东域山北帮（简称东区）和东域山滑体区域（简称滑体区）。

中区包括中域山四级平台与三级边坡、排土场两级平台和三级边坡，主要采用挂网喷播、挡土墙、松散体撒播、乔木种植等工程措施。

自貌区主要包括道路两侧、东域山自然地貌松散体堆积区。在东域山自然地貌废石堆积区，对边坡和平台部分采用"覆土＋刺槐＋紫花苜蓿"措施。路边采区采用"乔木种植""挡土墙＋爬山虎"等工程措施。

西区范围主要包括东西两部分，主要采用挂网喷播、挡土墙、"乔木＋攀缘植物种植"等工程措施。

东区根据治理区实际情况，同时参考规划方案报告，主要采用挂网喷播、挡土墙、"乔木＋攀缘植物种植"等工程措施。

滑体区范围属于滑坡治理区，在进行生态修复工程之前按照滑坡体治理的工程设计完成治理，消除危险源之后方可进行生态修复工程。根据治理区实际情况，同时参考规划方案报告，主要采用挂网喷播、挡土墙、"乔木＋攀缘植物种植"等工程措施。

现主要将滑体区治理方案介绍如下。

1. 危岩体整治

滑体区部分边坡坡面存在零星危石，对治理工程的开展造成了影响，同时会威胁施工人员的生命安全。该区域按照滑坡体治理的工程设计完成危岩体的清理工程之后方可进行生态修复工程。

在开展生态修复工程前，首先进行边坡浮石清理，浮石清理以人工清理为主，辅以机械清理，清理范围包含 130 m 边坡、145 m 边坡、155 m 边坡、170 m 边坡全部区域，共计 25 718 m²，重点清理区域主要为断层破碎带等区域。清理时根据现场实际情况进行。

2. 坡顶挡土墙工程

各平台外侧修建挡土墙工程。挡土墙工程包括以下区域：115 m 平台、130 m 平台、145 m 平台、160 m 平台、170 m 平台部分。

挡土墙采用干砌挡土墙，高 0.6 m，顶宽 0.4 m。石料砌筑前应清除表面的泥垢，敲去尖角薄棱，干砌石块要求做到砌放平稳，砌缝密合，相互压紧，外形平整，然后用片石把石块间隙塞实捣紧，使每个石块都能保持稳定，相互结合成整体。大体积的干砌块石挡土墙或建筑物，应按设计标准，分层整理砌筑，层与层间及层内要求上下错缝，内外搭砌。不能采用先砌好里外侧的面石，中间填心的砌筑方法。上下层的结合面上，不应加垫石。砌体的每层转角、交接和分段部位，采用较大的平整块石砌筑。干砌块石的墙体露出面，设置丁石（拉结石）。丁石均匀分布，当墙厚等于或小于 40 cm 时，同一层内的丁石长度应等于墙厚；如用料石砌挡土墙时，每两层顺砌层上，应丁砌一层。如果同一层采用丁顺组砌时，石间距不宜大于 2 m。

用干砌块石作基础，一般下大上小呈阶梯形，底层应选用比较方整的大块石堆砌，上层阶梯至少压砌下级阶梯块石宽度的 1/3。在干砌石基础前后的挡土墙后部的土石料要分层回填夯实。用干砌石做成斜面的单层护坡护岸，砌放块石前要先按设计要求，平整好坡面。如石块砌筑在土质坡面上，要先夯实基础土层，按设计规定铺放碎石或细砾石垫层，然后自下而上整理砌筑。石块的厚度应符合设计规定。

坡顶挡土墙内侧种植乔木、多年草本组合（刺柏＋葛藤＋紫花苜蓿＋爬山虎）。挡土墙内侧覆土，覆土厚度为 0.5 m，覆土平均宽度为 6 m，覆土量为 3 072 m³。葛藤栽植间距为 0.5 m，共计栽植 3 286 株。刺柏（株高 150 cm）种植间距为 3 m，共计栽植 548 株。

坡脚种植爬山虎，栽植间距为 0.3 m，共计栽植 5 030 株。平台撒播紫花苜蓿、刺槐，撒播面积为 6 215 m²。

3. 松散体治理工程

松散体治理工程主要针对滑体区，主要进行覆土，平均厚度为 15 cm，撒播刺槐、紫花苜蓿、大叶牵牛等植物。

4. 挂网喷播

边坡坡度为 55°～75°，坡面较为破碎的边坡进行挂网喷播。先在岩坡上锚固挂网锚杆，挂网锚杆采用 HRB335 级 Φ14 mm 螺纹钢，小于 90° 坡面锚固时垂直于坡面，大于 90° 反向坡面锚固角度为上倾 15°，采用钻孔后直插锚杆方式固定。锚杆总长度为 550 mm，其中前端 50 mm 制成 270° 弯钩。锚杆入岩最小深度为 300 mm，外露 200 mm，当基岩表面破碎厚度超过 300 mm 时锚杆长度不应小于 450 mm 且不大于 1 000 mm，根据实际情况增加锚杆长度，锚杆间距不大于 1.5 m，呈三角形固定。

挂网采用直径为 1.5 mm、孔径为 5 cm×5 cm，抗拉强度大于 65Mpa 的镀锌铁丝网，将整个破碎表面锚固覆盖，起到稳定基层的作用，挂网位置位于锚杆外露部分靠近外缘，以最大限度起到固土的作用。铁丝网连接时，锚杆首先用 Φ6 mm 加劲钢丝将各个锚杆水平相连，之后将铁丝网与加劲钢丝进行绑扎，以保证受力均匀和挂网稳定。

客土基层材料主要为剥离土，在其中添加稻壳、有机肥、复合肥、草炭土、土壤改良剂、木纤维、黏合剂、保水剂等原材料，按一定比例搅拌均匀。喷播共计两层，底层为第一层基质，厚度 80～90 mm，上层为种子层，厚度为 30～40 mm，混合拌入草本、木本植物种子。

喷播结束后进行覆盖养护，养护采用 50 g/m² 型透气无纺布。

5. 蓄水池工程

治理区灌溉采用微喷系统，《建筑给水排水设计标准》（GB 50015—2019）规定浇灌用水定额为 1～3 L/（m²·d）；干旱地区可酌情增加，结合厂区原有治理经验，本项目取 3.5 L/（m²·d）；植物耗水强度为 3～5 mm/d，土壤计划湿润深度为 0.2～0.3 m。植物绿化采用"管道+喷管"形式进行。启新石灰石矿生态治理效果如图 6.10 所示。

图 6.10 启新石灰石矿生态治理效果

6.3.3 治理成效

1. 社会效益

矿山地质环境与地貌景观得到有效治理，有利于构筑和谐社会，有利于资源与环境的协调发展，可以缓和地方政府、矿山企业与当地居民的关系，达到互惠互利、携手并进、共同繁荣的社会效应，社会意义深远。通过有效地防御水土流失等地质灾害，保护附近居民的生命财产安全，既为当地居民创造良好的生存环境，也为保持社会稳定和创造平安和谐社会提供了良好保证。

2. 环境效益

对矿山地质环境的恢复治理，将使治理区生态环境大大改善，为治理区及周边生态环境的安全提供重要保障。植物可以滞尘、吸收有害、有毒物质，起到净化空气的作用，并且植物的根系能够增强土壤的储水能力，从而减少治理区的水土流失；通过边坡覆绿，优化治理区气候条件，改善治理区地貌景观，改变了治理区脏、乱、差的落后面貌，美化了矿山地质环境。

参考文献

［1］ 方星，许权辉，胡映，等. 矿山生态修复理论与实践［M］. 北京：地质出版社，2019.

［2］ 郜洪强，南贵军，刘立军，等. 河北省露天矿山生态修复技术要求［M］. 北京：地质出版社，2020.

［3］ 张世文. 矿业废弃地复垦与生态修复理论及实践［M］. 北京：科学出版社，2020.

［4］ 李富平，杨福海，袁怀雨. 矿业开发密集地区景观生态重建［M］. 北京：冶金工业出版社，2007.

［5］ 牛魁斌，刘金铜，李志祥，等. 河北省矿区生态工程与土地复垦研究［M］. 北京：气象出版社，2009.

［6］ 赵方莹，孙保平. 矿山生态植被恢复技术［M］. 北京：中国林业出版社，2009.

［7］ 周连碧，王琼，代宏文，等. 矿山废弃地生态修复研究与实践［M］. 北京：中国环境科学出版社，2010.

［8］ 毕银丽，郭晨，肖礼，等. 微生物复垦后土壤有机碳组分及其高光谱敏感性识别效应［J］. 煤炭学报，2020，45（12）：4170-4177.

［9］ 毕银丽，任婧. 接种菌根对根际微生物群落和磷营养的影响［J］. 能源环境保护，2007（3）：25-28.

［10］ 曹勇，毕银丽，宋子恒，等. 物理改良对采矿伴生黏土水分和养分保持能力的影响［J］. 矿业研究与开发，2021，41（1）：116-121.

［11］ 查金，贾宇锋，刘政洋，等. 市政污泥堆肥对矿山废弃地生态恢复影响的研究进展［J］. 环境科学研究，2020，33（8）：1901-1910.

［12］ 常勃，李建华，卢朝东，等. 微生物复垦技术在矿区生态重建中的应用［J］. 山西农业科学，2012，40（10）：1071-1074.

［13］ 陈芳孝. 北京市矿山生态治理主要技术与典型模式［J］. 中国水土保持，2007（7）：25-26.

［14］ 陈洪祥，张树礼，马建军. 煤矿复垦地不同恢复模式下土壤特性研究：以黑岱沟露天煤矿为例［J］. 内蒙古环境科学，2007（4）：63-67.

［15］ 陈龙乾，郭达志，张明，等. 矿区地表采掘废弃地充填复垦材料及技术研究［J］. 中国矿业大学学报，2002，31（1）：63-67.

［16］ 陈莺燕，刘文深，丁铿博，等. 有机改良剂及生物炭对离子型稀土矿尾砂地生态修复的改良探究［J］. 环境科学学报，2018，38（12）：4769-4778.

［17］ 丁新军，阙维民. 国际采石场遗产研究的探索与实践［J］. 中国园林，2016，32（9）：

71–76.

[18] 杜建平，邵景安，谭少军，等. 煤矿区土地复垦研究：前景与进展［J］. 重庆师范大学学报（自然科学版），2018，35（1）：131–140.

[19] 范军富，刘志斌. 海州露天煤矿排土场土壤理化特性及改良措施的研究［J］. 露天采矿技术，2005（5）：79–81.

[20] 丰瞻，许文年，李少丽，等. 基于恢复生态学理论的裸露山体生态修复模式研究［J］. 中国水土保持，2008（4）：23–26.

[21] 郭振，师晨迪. 不同复配比例土壤的细菌群落结构和功能预测［J］. 环境科学与技术，2021，44（1）：69–76.

[22] 胡宏伟，姜必亮，蓝崇钰，等. 广东乐昌铅锌尾矿废弃地酸化控制研究［J］. 中山大学学报（自然科学版），1999（3）：69–72.

[23] 胡振琪，魏忠义，秦萍. 矿山复垦土壤重构的概念与方法［J］. 土壤，2005（1）：8–12.

[24] 胡振琪. 矿山复垦土壤重构的理论与方法［J］. 煤炭学报，2022，47（7）：2499–2515.

[25] 黄铭洪，骆永明. 矿区土地修复与生态恢复［J］. 土壤学报，2003（2）：161–169.

[26] 贾博，汪伟. 废弃矿坑片区改造规划设计策略研究：以山东济宁经开区矿坑片区改造设计项目为例［J］. 建设科技，2021（1）：97–99.

[27] 金靖博，陆月皎，孙德军. 恢复生态学及其在林区矿山植被修复中的应用［J］. 林业勘查设计，2008（2）：44–45.

[28] 景金明，杨怀辉，宫程，等. 焦作市矿业开发环境地质问题综合研究［J］. 矿产保护与利用，2007（2）：41–45.

[29] 康世勇. 神东亿吨矿区露采坑生态土地复垦技术研究［J］. 中国煤炭，2014，40（增刊1）：96–98，103.

[30] 孔令伟，薛春晓，苏凤，等. 不同建植技术对露天煤矿排土场生态修复效果的影响及评价［J］. 水土保持研究，2017，24（1）：187–193.

[31] 赖发英，王国锋，孙永明，等. 城市污泥对矿区土壤性状的影响［J］. 核农学报，2010，24（2）：349–354.

[32] 李富平，夏冬，李廷忠. 马兰庄铁矿排土场生态重建技术研究［J］. 金属矿山，2010（2）：152–154，181.

[33] 李恒，雷少刚，黄云鑫，等. 基于自然边坡模型的草原煤矿排土场坡形重塑［J］. 煤炭学报，2019，44（12）：3830–3838.

[34] 李江. 矿区复垦土壤微生物群落和功能多样性分析［J］. 广东化工，2011，38（7）：18–20.

[35] 李君剑，刘峰，周小梅. 矿区植被恢复方式对土壤微生物和酶活性的影响［J］. 环境科学，2015，36（5）：1836–1841.

[36] 李俊超，党廷辉，郭胜利，等. 植被重建下煤矿排土场土壤熟化过程中碳储量变化［J］. 环境科学，2014，35（10）：3842–3850.

[37] 李全生, 韩兴, 赵英, 等. 露天煤矿植被修复关键技术集成与应用研究: 以胜利露天矿外排土场为例[J]. 环境生态学, 2021, 3 (6): 47-53.

[38] 李若愚, 侯明明, 卿华, 等. 矿山废弃地生态恢复研究进展[J]. 矿产保护与利用, 2007 (1): 50-54.

[39] 李树志, 郭孝理, 李学良, 等. 我国东部草原区露天矿排土场仿自然地貌土地整形方法[J]. 煤炭学报, 2019, 44 (12): 3636-3643.

[40] 李香梅, 赵艳, 蔡桂香, 等. 冶金矿山排土场土壤改良及植被恢复技术[J]. 现代矿业, 2011 (7): 124-126.

[41] 廉杰, 郑茂兴, 武飞, 等. 露天坑的治理与综合利用技术研究[J]. 金属矿山, 2013 (6): 134-137.

[42] 梁红. 矿区植被修复研究进展[J]. 仲恺农业工程学院学报, 2009, 22 (4): 56-60.

[43] 梁留科, 常江, 吴次芳, 等. 德国煤矿区景观生态重建/土地复垦及对中国的启示[J]. 经济地理, 2002 (6): 711-715.

[44] 梁志荣, 刘静德, 李伟. 上海深坑酒店基于变形控制的高陡边坡加固设计研究[J]. 建筑结构, 2021, 51 (23): 8-12, 20.

[45] 刘丽, 徐明凯, 汪思龙, 等. 杉木人工林土壤质量演变过程中土壤微生物群落结构变化[J]. 生态学报, 2013, 33 (15): 4692-4706.

[46] 刘雪冉, 胡振琪, 许涛, 等. 露天煤矿表土替代材料研究综述[J]. 中国矿业, 2017, 26 (3): 81-85.

[47] 刘新梅, 田剑, 张昊, 等. 改良剂对复垦土壤团聚体组成及有机碳含量的影响[J]. 水土保持学报, 2021, 35 (1): 326-333, 355.

[48] 刘宇, 李佩乔. "破旧立新"城市双修理论影响下的南京汤山矿坑公园设计解析[J]. 设计, 2021, 34 (19): 135-137.

[49] 龙涛, 郭文晶. 非煤矿山重大安全隐患整体解决方案研究[J]. 有色金属 (矿山部分), 2009, 61 (6): 26-28.

[50] 吕刚, 傅昕阳, 李叶鑫, 等. 露天煤矿排土场不同复垦植被土壤大孔隙特征[J]. 煤炭学报, 2018, 43 (2): 529-539.

[51] 吕凯, 李雪飞, 智颖飙. 露天煤矿排土场生物修复与生态重建技术[J]. 内蒙古师范大学学报 (自然科学汉文版), 2019, 48 (5): 458-464.

[52] 马蓉蓉, 黄雨晗, 周伟, 等. 祁连山山水林田湖草生态保护与修复的探索与实践[J]. 生态学报, 2019, 39 (23): 8990-8997.

[53] 孟晶晶. 豫中某废弃露天黏土矿坑地质环境治理方案研究[J]. 现代盐化工, 2021, 48 (3): 53-54.

[54] 苗春光, 杨惠惠, 毕银丽, 等. 丛枝菌根真菌与沙棘对露天矿排土场的联合改良效应[J]. 煤田地质与勘探, 2021, 49 (2): 202-206.

[55] 牛旭, 邰春花, 卢朝东, 等. 微生物技术在矿区复垦中的应用[J]. 山西农业科学, 2014, 42 (3): 303-306.

[56] 彭建, 吕丹娜, 张甜, 等. 山水林田湖草生态保护修复的系统性认知[J]. 生态学

报，2019，39（23）：8755-8762.

［57］ 邱宇，徐文彬，周玉新. 我国冶金矿山排土场研究现状及展望［J］. 金属矿山，2016（9）：15-22.

［58］ 荣颖，胡振琪，杜玉玺，等. 露天矿区土壤基质改良材料研究进展［J］. 金属矿山，2018（2）：164-171.

［59］ 桑李红，付梅臣，冯洋欢. 煤矿区土地复垦规划设计研究进展及展望［J］. 煤炭科学技术，2018，46（2）：243-249.

［60］ 珊丹，邢恩德，荣浩，等. 草原矿区排土场不同植被配置类型生态恢复［J］. 生态学杂志，2019，38（2）：336-342.

［61］ 宋允. 陈村铁矿露天采坑土地复垦及生态重建的研究［J］. 科技创新导报，2019，16（5）：116，118.

［62］ 唐骏，党廷辉，薛江，等. 植被恢复对黄土区煤矿排土场土壤团聚体特征的影响［J］. 生态学报，2016，36（16）：5067-5077.

［63］ 陶忠明，田振环，李华，等. 霍林河矿区的生态修复与建设［J］. 内蒙古林业调查设计，2010，33（2）：1-2，17.

［64］ 汪勇. 露天矿排土场合理台阶高度的确定［J］. 金属矿山，2004（2）：24-26.

［65］ 王镔，白中科，康新立，等. 露天矿排土场生态分类研究［J］. 煤矿环境保护，1997（5）：7-9.

［66］ 王东，李广贺，曹兰柱，等. 基于内排空间利用最大化的露天煤矿排土线布置方法［J］. 煤炭学报，2020，45（9）：3150-3156.

［67］ 王锋利，王佟，方惠明，等. 祁连山南麓露天采坑生态环境修复技术研究［J］. 中国煤炭地质，2021，33（8）：49-55.

［68］ 王晶懋，刘晖，宋菲菲，等. 场地土壤适宜性改良策略及其对草本植物群落生长的影响［J］. 西安建筑科技大学学报（自然科学版），2020，52（2）：279-286.

［69］ 王开峰，彭娜，刘德良. 面向矿山废弃地复垦的炉渣污泥人工土壤的理化特性［J］. 环境工程学报，2012，6（8）：2875-2881.

［70］ 王凯，孙星星，秦光蔚，等. 我国土壤改良修复工程技术研究进展［J］. 江苏农业科学，2021，49（20）：40-48.

［71］ 王来贵，刘向峰，姚再兴，等. 大中型露天煤矿闭坑地质灾害浅析［J］. 中国地质灾害与防治学报，2002（3）：53-56.

［72］ 王宁，邹彬，高艳，等. 城市剩余污泥改良铁尾矿砂过程中重金属含量的变化研究［J］. 化工技术与开发，2019，48（9）：52-57.

［73］ 王同智，薛焱，包玉英，等. 不同复垦方式对黑岱沟露天矿排土场土壤有机碳的影响［J］. 安全与环境学报，2014，14（2）：174-178.

［74］ 王晓琳，王丽梅，张晓媛，等. 不同植被对晋陕蒙矿区排土场土壤养分16a恢复程度的影响［J］. 农业工程学报，2016，32（9）：198-203.

［75］ 项元和，于晓杰，魏勇明，等. 露天矿排土场生态修复与植被重建技术［J］. 中国水土保持科学，2013，11（增刊1）：48-54.

［76］ 肖礼，赵俊峰，黄懿梅，等. 永利露天煤矿排土场不同植被类型下土壤理化性质

和酶活性研究［J］. 水土保持研究, 2016, 23（4）：89-93.

［77］ 肖鹏, 吕刚, 王洪禄, 等. 不同植被恢复模式对露天煤矿排土场土壤抗冲性的影响［J］. 水土保持研究, 2019, 26（6）：18-24, 31.

［78］ 徐艳, 王璐, 樊嘉琦, 等. 采煤塌陷区生态修复技术研究进展［J］. 中国农业大学学报, 2020, 25（7）：80-90.

［79］ 许剑敏. 生物菌肥对矿区复垦土壤磷、有机质、微生物数量的影响［J］. 山西农业科学, 2011, 39（3）：250-252.

［80］ 阳贵德, 孙庆业. 基质改良对尾矿废弃地生物土壤结皮形成与生长的影响［J］. 生物学杂志, 2010, 27（3）：40-43.

［81］ 杨源通, 曾曙才, 冯嘉仪, 等. 施用污泥等废料对稀土矿废弃地土壤中麻风树生长和元素吸收的影响［J］. 应用生态学报, 2021, 32（2）：609-617.

［82］ 叶胜兰, 舒晓晓. 微生物菌肥联合植物生态修复技术在矿山治理中的应用研究［J］. 安徽农学通报, 2021, 27（18）：156-157.

［83］ 尹秀贞, 陈刚, 潘爱宏, 等. 浅谈山东省枣庄市某露天开采石灰岩矿山地质环境治理与恢复［J］. 化工矿产地质, 2013, 35（1）：39-42, 46.

［84］ 原野, 赵中秋, 白中科, 等. 露天煤矿复垦生物多样性恢复技术体系与方法：以平朔矿排土场为例［J］. 中国矿业, 2017, 26（8）：93-98.

［85］ 张飞, 田睿, 王滨, 等. 某铜矿区露天开采对地下开采的影响探讨［J］. 金属矿山, 2010（12）：12-14.

［86］ 张鸿龄, 孙丽娜, 孙铁珩. 陡坡无土排岩场植被生态修复技术研究［J］. 生态学杂志, 2010, 29（1）：152-156.

［87］ 张丽秀, 李岩, 李橙, 等. 镰刀菌-淀粉-苜蓿对煤矿区污染土壤HMW-PAHs的修复［J］. 水土保持学报, 2017, 31（5）：350-355.

［88］ 张淑彬, 纪晶晶, 王幼珊, 等. 内蒙古露天煤矿区回填土壤具生态适应能力丛枝菌根真菌的筛选［J］. 生态学报, 2009, 29（7）：3729-3736.

［89］ 郑娟, 李树彬. 矿区废弃地生态恢复研究进展［J］. 水土保持应用技术, 2019（6）：53-55.

［90］ 常勃. 微生物菌剂对矿区复垦土壤生物活性和油菜生长的影响［D］. 太原：山西大学, 2014.

［91］ 李琳琳. 长春莲花山双山矿坑群的修复与再利用研究［D］. 长春：吉林建筑大学, 2018.

［92］ 刘国华. 南京幕府山构树种群生态学及矿区废弃地植被恢复技术研究［D］. 南京：南京林业大学, 2005.

［93］ 刘宏磊. 矿山环境修复治理和开发利用模式的理论与实践研究［D］. 北京：中国矿业大学, 2022.

［94］ 赵金朋. 基于多层次生态修复的主题遗址公园景观设计研究［D］. 无锡：江南大学, 2017.

［95］ BELL T, NEWMAN J A, SILVERMAN B W, et al. the contribution of species richness and composition to bacterial services［J］. Nature, 2005, 436（7054）：

1157-1160.

[96] CHODAK M, PIETRZYKOWSKI M, NIKLINSKA M. Development of microbial properties in a chronosequence of sandy mine soils[J]. Applied soil ecology, 2009(41): 259-268.

[97] EVANS K G. methods for assessing mine site rehabilitation design for erosion impact [J]. Australian journal of soil research, 2000, 38(2): 231-248.

[98] PAZ-FERREIRO J, GASCO G, GUTIERREZ B, et al. Soil biochemical activities and the geometric mean of enzyme activities after application of sewage sludge and sewage sludge biochar to soil [J]. Biology and fertility of soils, 2012, 48(5): 511-517.

[99] ZHANG L, WANG J, BAI Z, et al. Effects of vegetation on runoff and soil erosion on reclaimed land in an opencast coal-mine dump in a loess area [J]. Catena, 2015, 128: 44-53.

[100] MA J J, ZHANG S L, LI Q F. the intrusion rule of wide plant species on reclaimed land of Heidaigou opencast coal mine and effect to ecosystem [J]. Research of environmental science, 2006, 19(5): 101-106.

[101] MARTIN M C, MARTIN D J F, NICOLAN I J M. Waste dump erosional landform stability-a critical issue for mountain mining [J]. Earth surface processes and landforms, 2018, 43(7): 1431-1450.

[102] MELINA G, VANESSA G, DAVID D. Reconciling waste rock rehabilitation goals and practice for a phosphate mine in a semi-arid environment [J]. Ecological engineering, 2015, 85: 1-12.

[103] MINGORANCE M D, FRANCO I, ROSSINI-OLIVA S. Application of different soil conditioners to restorate mine tailings with native and non-native species [J]. Journal of geochemical exploration, 2017, 174: 35-45.

[104] NEUENKAMP L, PROBER S M, PRICE J N. Benefits of mycorrhizal inoculation to ecological restoration depend on plant functional type, restoration context and time [J]. Fungal ecology, 2019, 40: 140-149.

[105] OGGERI C, FENOGLIO T M, GODIO A, et al. Overburden management in open pits: options and limits in large limestone quarries [J]. International journal of mining science and technology, 2019, 29(2): 217-228.

[106] PENA A, MINGORANCE M D, ROSSINI O A. Soil quality improvement by the establishment of a vegetative cover in a mine soil added with composted municiapa sewage sludge [J]. Journal of geochemical exploration, 2015(157): 178-183.

[107] ROSSINI O S, MINGORANCE M D, PENA A. Effect of two different composts on soil quality and on the growth of various plant species in a polymentallic acidic mine soil [J]. Chemosphere, 2017, 188: 183-190.

[108] SERRA W C, HOUOT S, BARRIUSO E. Soil enzymatic response to addition of municipal solid-waste compost [J]. Biology and fertility of soils, 1995, 20(4):

226-236.
[109] SEVILLA-PEREA A, MINGORANCE M D. Field approach to mining-dump revegetation by application of sewage sludge co-compost and a commercial biofertilizer [J]. Journal of environmental management, 2015, 158: 95-102.
[110] ZHAN J, SUN Q. Diversity of free-living nitrogen-fixing microorganisms in wastelands of copper mine tailings during the process of natural ecological restoration [J]. Journal of environmental sciences, 2011, 23 (3): 476-487.
[111] FORSBERG L S. Reclamation of copper mine tailings using sewage sludge [D]. Uppsala: Swedish University of Agricultural Sciences, 2008.